给 孩 子 的 趣 味 科 学

[苏联] 雅科夫·伊西达洛维奇·别莱利曼◎著

杨根深◎译

哈尔滨出版社

HARBIN PUBLISHING HOUSE

图书在版编目（CIP）数据

趣味代数学／（苏）雅科夫·伊西达洛维奇·别莱利曼著；杨根深译.—哈尔滨：哈尔滨出版社，2020.9
（给孩子的趣味科学）
ISBN 978-7-5484-5506-6

Ⅰ．①趣… Ⅱ．①雅…②杨… Ⅲ．①代数－青少年读物 Ⅳ．①O15-49

中国版本图书馆CIP数据核字（2020）第161830号

书　　名：**趣味代数学**
QUWEI DAISHUXUE

作　　者：[苏联] 雅科夫·伊西达洛维奇·别莱利曼　著
译　　者：杨根深
责任编辑：孙　迪　韩金华
责任审校：李　战
封面设计：莫　莫

出版发行：哈尔滨出版社（Harbin Publishing House）
社　　址：哈尔滨市松北区世坤路738号9号楼　　邮编：150028
经　　销：全国新华书店
印　　刷：天津文林印务有限公司
网　　址：www.hrbcbs.com　　www.mifengniao.com
E-mail：hrbcbs@yeah.net
编辑版权热线：（0451）87900271　87900272
销售热线：（0451）87900202　87900203

开　　本：710mm×1000mm　　　1/16　　印张：11.5　　字数：180千字
版　　次：2020年9月第1版
印　　次：2020年9月第1次印刷
书　　号：ISBN 978-7-5484-5506-6
定　　价：290.00元（全6册）

译者序

本丛书是世界著名科普作家、趣味科学奠基人雅科夫·伊西达洛维奇·别莱利曼的经典作品，其中，《趣味物理学》从1916年到1986年已再版22次，并被译成十几种语言。在书中，作者不仅力求向读者讲述物理学、代数学、几何学、天文学的新知识，在一定程度上帮助读者了解已经知道的东西；还希望加深读者对这些学科重要理论的认知并对这些知识产生更浓厚的兴趣，对已掌握的知识做到活学活用。为了达到这个目的，书中给出了这些学科领域中的大量谜题以及引人入胜的故事和妙趣横生的问题，当然还有各种奇思妙想以及让人意想不到的比对，这些内容大都来源于我们生活中每天都会发生的事件，有的取材于著名的科学幻想作品。比如，书中引用了儒勒·凡尔纳、威尔斯、马克·吐温，以及其他作者作品的片段，这些片段中所描述的神奇经历，不仅引人入胜，而且可以作为鲜活的实例，在传授知识的过程中起到奇妙的作用。

在此，我们将这一宝贵的作品翻译为中文，真诚地向读者朋友们推出，希望借别莱利曼大师的智慧来激活读者的科学想象力，教会读者如何按照理科思维方式去思考。翻译过程中，我们力争保持这一伟大作品的精髓和原貌，让语言风格更有趣、生动。同时，结合了现代科学知识，对作品进行了一些小小的补充，但没有进行大规模的修改，因为作者对物理学、代数学、几何学、天文学知识的深入解读至今鲜有人能够超越，他的作品无论是选材还是示例，可谓尽善尽美，时至今日仍符合读者的阅读习惯，从未落后。

当然，现在科学有了飞速发展，与作者所处的年代相比，出现了许多新的发现和研究成果，而这些也正是本套书中未能提及的。但作者在书中的重要论述，至今仍然被视为权威，比如书中关于航天原理的论述。如果试图将科学领域所有最新的发现和研究成果都反映在本书中，本书的内容

就会大大增加，导致知识庞杂，这不但不利于读者的阅读和使用，也不利于对经典作品的保护和传播。

值得一提的是，杨根深为本丛书翻译小组共用笔名。本丛书规模较大，由多名译者一起参与完成翻译工作。翻译小组包括戴光年、王彬、周英芳等多名译者。

目录

第一章　第五则运算

第二章　代数的语言

第三章 对算术的帮助

第一章
第五则运算

第五则运算

　　代数学时常被称为"七则运算的算术"，强调代数学在加减乘除四则运算的基础上又增加了三则：乘方积和它的两种逆运算。

　　我们将从"第五则运算"——乘方讲起。

　　实际生活会用到这种新的计算法则吗？当然。在现实活动中我们常常会遇到的。回想一下每当计算面积、体积时，我们会用到二次方和三次方，还有万有引力、静电和电磁作用、光、声等，它们的强度都与距离的平方成反比。行星围绕太阳（以及卫星围绕行星）公转的周期与到公转中心的距离也存在若干次方的比例关系：公转周期的平方与距离的三次方成正比。

　　不要以为实际生活中只会碰到二次方和三次方，而多次方只出现在算术练习题里。工程师在计算各种材料强度时常常要用到四次方，而在别的计算（如计算蒸汽管道直径）中甚至得使用六次方。水利工程师在研究水流对石头的冲击力时，也会遇到六次方的关系式：如果一条河流的水流速度是另一条河流的四倍，则水流更快的河流能冲走河床里的石头重量是水流慢的河流的4^6倍，即4 096倍[1]。

　　如果要研究燃烧体的亮度关系，我们还会遇到更高的次方——例如，不同的温度下电灯里的灯丝的亮度。白热时总亮度随温度的十二次方提高，红热时则是按照温度的十三次方提高（这里指的是"绝对温度"，

————————

[1]可参考作者在《趣味数学》中对这个问题更详细的说明。

也就是说-273℃以上的温度）。这意味着，当温度从2 000*K*上升到4 000*K*
（绝对温度），就是温度提高两倍，加热体的亮度会变成原来的2^{12}倍，也
就是说增强到4 000倍以上。这与电灯的制造工艺有何独特的关联，我们在
后面还会讲到。

天文数字

没有任何人会比天文学家更频繁地使用第五则运算了。天文学家处处
都要应对巨大的数字，这些数字由一两位有效数字和一长串的零组成。用
一般的方法来表示这些天文数字（"天文数字"的叫法一点也不为过）不
可避免地会造成不便，尤其是在计算时。例如，仙女座星云的距离，按照
常规的写法是这么多千米：

95 000 000 000 000 000 000

进行天文计算时表示天体距离往往不是以千米或者更大一些的计量单
位，而是用厘米来表示。那么上述的距离表示出来还要多5个0：

9 500 000 000 000 000 000 000 000

恒星的质量表示起来数字更大，特别是在很多计算中需要以克为单
位。太阳的质量以克为单位是：

1 983 000 000 000 000 000 000 000 000 000 000

可想而知这么庞大的数字运算起来多么困难，而且多么容易出错。何
况这里列举的还远远算不上最大的天文数字。

第五则运算为计算人员走出这个困境提供了一个简单的方法。带有一
串零的数字可以用10的若干次方来表示：

$100 = 10^2$，$1000 = 10^3$，$10\ 000 = 10^4$ 等等

这么一来上面列举的庞大数字就可以写成：

第一个·················95·10^{23}

第二个·················1983·10^{30}

这么做不只是为了节省空间，还是为了方便运算。若需要把这两

个数相乘，只要算出乘积$95 \times 1\,983 = 188\,385$，然后把它写在因子$10^{23+30} = 10^{53}$前。

$$95 \cdot 10^{23} \times 1\,983 \cdot 10^{30} = 188\,385 \cdot 10^{53}$$

比起先写一个23个0的数，再写一个30个0的数，最后再写一个53个0的数，这样当然要方便很多——不仅更简便，还更可靠，因为写几十个0时可能看漏一两个，结果也便错了。

空气有多重？

为了使你确信，用乘方来表示大数让实际计算变得多么简便，我们来做这样一道题：算一算地球的质量是空气的质量的多少倍。

空气作用于地面的压力约每平方厘米一千克。这意味着支撑在1平方厘米上的大气柱的重量为1千克。地球的整个大气层可以看作由这些空气柱组成；地球表面有多少平方厘米就有多少这样的柱子；有多少柱子整个大气就有多重。查阅资料后，我们得知地球的面积为51 000万平方千米，即$51 \cdot 10^{7}$平方千米。

现在换算一下每平方千米里有多少平方厘米。1千米有1 000米，每米有100厘米，即10^{5}厘米，而一平方米则包含$(10^{5})^{2} = 10^{10}$平方厘米。因此整个地球表面为

$$51 \cdot 10^{7} \cdot 10^{10} = 51 \cdot 10^{17}（平方厘米）$$

地球的大气就有这么多千克。单位转换成吨得到：

$$51 \cdot 10^{17} \div 1\,000 = 51 \cdot 10^{17} \div 10^{3} = 51 \cdot 10^{17-3} = 51 \cdot 10^{14}。$$

地球的质量为

$$6 \cdot 10^{21}吨，$$

为了确定地球比大气重多少，我们算出比值：

$$6 \cdot 10^{21} \div 51 \cdot 10^{14} \approx 10^{6}，$$

即大气的质量约为地球质量的一百万分之一。

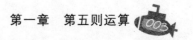

不发光不发热地燃烧

如果你问化学家，为什么木材或者煤炭只有在高温时才能燃烧。他会告诉你，严格地讲，碳和氧的结合在任何温度下都可以发生，只不过低温的时候这一过程非常缓慢（即只有少量的分子参与反应），因此不能被我们观察到。根据化学反应速率的规律，温度每降低10℃，反应速度（参与反应的分子数量）会降低一倍。

我们将上述规律应用到木材与氧结合的反应中，即木材燃烧的过程中。假设火焰温度600℃时，每秒钟烧掉1克木材。20℃的条件下烧掉1克木材需要多少时间呢？我们已知，当温度降低580℃即58·10℃时，反应速率减小到原来的2^{58}分之一，即燃烧完1克木材需要2^{58}秒。

这么长的时间等于多少年呢？我们可以估算，而且不用把2连续乘57次，也不用查对数表。用下面的方法：

$$2^{10} = 1\,024 \approx 10^3。$$

因而，

$$2^{58} = 2^{60-2} = 2^{60} \div 2^2 = \frac{1}{4} \cdot 2^{60} = \frac{1}{4} \cdot (2^{10})^6 \approx \frac{1}{4} \cdot 10^{18}，$$

即大约百亿亿的四分之一秒。一年大约有3千万秒，即$3 \cdot 10^7$秒，所以

$$(\frac{1}{4} \cdot 10^{18}) \div (3 \cdot 10^7) = \frac{1}{12} \cdot 10^{11} \approx 10^{10}。$$

一百亿年！木材不发光不发热地燃烧要烧这么长时间才能烧完。

总之，木头、煤就算不点燃也能在常温中燃烧。打火器具的发明则使这个极其缓慢的过程加快了亿万倍。

天气的变化

题目

若我们只根据一个特征来描述天气——有没有云层覆盖，即只分辨是晴朗还是阴天，那么你觉得天气变化不重复的星期会很多吗？

看上去好像并不多：好像只要在一两个月里，晴天阴天在一个星期里的组合方式就会出现完了；接下去就会重复出现之前已经出现过的组合方式。

尽管如此，我们还是来尝试清楚地算一算在这样的条件下能有多少种不同的组合方式。出乎意料的是，这是道题也要用到第五则运算。

那么，一周里晴天和阴天能有多少种不同的排列方式呢？

解析

一周的第一天要么是晴朗，要么是阴天。也就是说有两种"组合"

前两天则可能有以下几种排列方式：

晴天和晴天

晴天和阴天

阴天和晴天

阴天和阴天

两天里总共有 2^2 种不同排列方式。三天的话则是前两天的四种排列方式再与第三天两种方式组合；所有的组合方式就有：

$$2^2 \times 2 = 2^3。$$

四天的排列方式有：

$$2^3 \times 2 = 2^4。$$

五天则有 2^5 种，六天有 2^6 种，最后，一周有 $2^7 = 128$ 种排列方式。

由此得出，一周里晴阴变化有128种。那么过了128周后，即 $128 \times 7 = 896$ 天就一定会重复之前出现过的组合；当然，也可能这之前就出现重复了，但是896天是必然发生重复的期限。反过来说：可能整整两年时间里，或者更长（2年又166天）没有一个星期的天气与另外一个星期是一样的。

 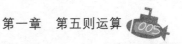

密码锁

题目

在某机构中，人们发现了一个从革命前（指1917年十月革命，译者注）遗留至今的保险柜。保险柜的钥匙也找到了，但是必须得先解开锁的密码，钥匙才能派上用场；只有将保险柜门上的5个圈子里的字母拼成某一个单词，才能把门打开。每个圈子上有36个字母。既然没有人知道是哪一个单词，想要把保险柜打开，就只能将圈子上的字母组合逐一尝试。每尝试一个组合要花费3秒钟。

有希望在十个工作日内打开保险柜吗？

解析

我们来计算一下总共有多少种字母组合可以尝试。

第一个圈上的36个字母可以与第二个圈上的36个字母构成组合。那么，两个字母的组合的种类有：

$$36 \times 36 = 36^2。$$

这些组合中的任何一种都有可能与第三个圈上的36个字母构成组合。所以三个字母的组合种类就有：

$$36^2 \times 36 = 36^3。$$

同理，四个字母的组合可以有36^4种，五个字母36^5或者说60 466 176种。尝试每种组合需要3秒钟，尝试6千多万种组合则需要

$$3 \times 60\ 466\ 176 = 181\ 398\ 528$$

秒。这有50 000多小时，也就是将近6 300个8小时的工作日——20多年。

这意味着，在10个工作日内打开保险柜的可能性为10/6 300，或者1/630。可能性太小了。

迷信的骑车人

题目

不久前自行车的车牌的发放形式还类似于汽车。车牌号是六位数。

有个人想学会骑自行车，于是买了一辆。这个车主原来是个异常迷信的人。他听说自行车带"8"字不吉利，心想，他拿到的车牌号码里可不要有8啊。去取号码的时候，他就这么想来安慰自己的：六位数里每一位都有10种可能性——0，1，……9。"倒霉"的数字只有一个8。所以拿到"倒霉"号的可能性只有十分之一。

这个想法对吗？

解析

车牌号总共有999 999个，从000 001，000 002……999 999。我们来算一下"吉利"的号码有多少个。第一位可以是九个"吉利"号码中的任何一个：0，1，2，3，4，5，6，7，9；第二位同样是可以有九种可能性。所以头两位的"吉利"组合有$9 \times 9 = 9^2$种。这些组合的任何一种都可以与（第三位上的）九个数的任何一个组合，那么前三位数的组合就有$9^2 \times 9 = 9^3$种。

同理，六位数的组合有9^6种。然而还要考虑这里面包含了000 000的组合，但车牌号里并没有这个组合。这样一来，"吉利"的车牌号有9^6-1=531 440种，占所有车牌的比例超过53%，而不是自行车车主以为的90%。

七位数的车牌号里 "倒霉"号码将会比"吉利"的号码多，这个说法就让读者自己来证实了。

翻两番的结果

关于国王对国际象棋的发明者的奖赏的故事广为流传，它很好地说明了即使再小的量翻几番后，变大的速度也是惊人的。在这里不讨论这个经典的例子，我接下来举一些没那么广为人知的例子。

题目

草履虫平均每隔27小时一分为二。若所有如此分裂而来的草履虫都能存活下来，那么一只草履虫的后代经过多长时间体积能达到太阳那么大？

供计算使用的数据：分裂后存活的草履虫第40代所占的空间为1立方米；太阳的体积取10^{27}立方米。

解析

问题在于1立方米多少倍后可以达到10^{27}立方米。我们进行以下变形：

$$10^{27} = (10^3)^9 \approx (2^{10})^9 = 2^{90},$$

因为$2^{10} \approx 1000$。

那么第40代还要经历90次分裂才能长到太阳那么大。

从第一代算起经历的总代数为40+90 =130代。很容易算出这将发生在第147天。

值得一提的是，现实中某位微生物学家就观察到草履虫进行了8061次分裂。请读者算一算，这么多数量的草履虫如果都没有死亡会占多大的空间？

这道题目里研究的问题可以反过来提：

我们想象像把太阳切割成两半，每一半再分成两半。如此分割多少次，才能使分割的部分变得和草履虫一样大？

尽管读者已经知道答案——130次，但这个数字依然是小得惊人。

同样的问题我遇到的是这种形式：

一张纸撕成两半，得到的每一半再分成两半等等。需要分多少次才能得到原子那么大的微粒？

假设纸重1克，原子的重量取约$\dfrac{1}{10^{24}}$克。因为其中10^{24}可以替换成与其近似的2^{80}，那么显然，只需分割80次，根本不是一百万次，尽管有不少人如此回答这个问题。

快一百万倍

一个叫作触发器的电子仪器里含有两个电子管（类似收音机里的电子管），触发器里电流只能通过一个电子管：或者通过左边的电子管，或者通过右边的电子管。触发器有两个可以从外部接入短暂电信号（电脉冲）的触点，和两个发出应答脉冲的触点。当触发器接到电脉冲时就会发生状态的切换：原本通电的电子管会停止通电，电流会接通到另一个电子管。在右边的电子管断电和左边的电子管通电的瞬间，触发器会发出应答脉冲。

接下来我们要观察当触发器接入一连串的电脉冲时是如何运作的。我们根据右边的电子管来描述触发器的状态：当右边的电子管断电时，触发器则处于"状态0"，当右边的电子管通电时，则处于"状态1"。

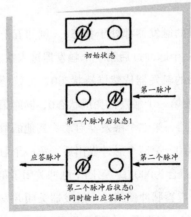

图1

初始时触发器处于状态0，即左边的电子管通电（图1）。一个脉冲后变成右边的电子管通电，即触发器切换到了状态1。此时触发器不会发出应答脉冲，因为当右边（而不是左边）的电子管断电时触发器才会发出应答

 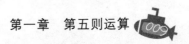

脉冲。

第二个脉冲过后变成左边的电子管通电，即触发器重新进入状态0。而这个时候触发器发出了应答信号（应答脉冲）。

经过两个脉冲后触发器重新回到初始状态。因此在第三个脉冲过后触发器（正如第一个脉冲过后）进入状态1，第四个脉冲过后（正如第二个脉冲过后）进入状态0且发出应答信号，以此类推。每两个脉冲之后触发器重复之前的状态。

我们现在想象一下，有几个触发器，脉冲从外部传送到第一个触发器上，第一个触发器产生的应答脉冲则传送到第二个触发器上，第二个触发器的应答脉冲传送到第三个触发器上，以此类推（图2中触发器从右往左依次连接）。我们观察这样一个触发器链条将如何运作。

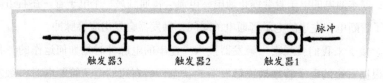

图2

假设刚开始所有的触发器都处于状态0。例如五个触发器组成的链条的组合是00000。第一个脉冲过后第一个触发器进入状态1，因为没有产生应答脉冲，所以其余的触发器依然维持状态0，也就是说链条的组合变成00001。第二个脉冲使第一个触发器变成状态0，同时第一个触发器发出应答信号给第二个触发器，第二个触发器启动。其他的触发器还是处在状态0，即得到了组合00010。第三个脉冲发出后，第一个触发器开启，其余触发器状态没变，此时组合为00011。第四个脉冲关闭了第一个触发器并使其发出应答脉冲，这个应答脉冲使第二个触发器关闭并发出应答脉冲，这个应答脉冲接着开启第三个触发器。结果我们得到组合00100。

以此类推的话，会得到：

第一个脉冲	组合00001
第二个脉冲	组合00010
第三个脉冲	组合00011

第四个脉冲	·组合00100
第五个脉冲	组合00101
第六个脉冲	组合00110
第七个脉冲	组合00111
第八个脉冲	组合01000

我们看到，触发器链条"计算"外部传送进来的信号，并且以特殊的方式"记录"下脉冲的数量。不难看出，这些脉冲的"记录"不是用我们熟悉的十进制系统，而是二进制系统。

在二进制系统中所有的数字都以"0"和"1"来表示。相邻的"1"不是（如在十进制中）相差九倍，而只是相差一倍。二进制中第一位（最右位）的"1"和平常的1一样。第二位（仅次于最右位）的"1"代表的是2，第三位代表的是4，然后是8，同理往下。

例如，数字19=16+2 +1用二进制表示是10011。

所以触发器链条"数着"接收到的信号数量，并以二进制的形式记录下来。值得注意的是，触发器的切换动作，即记录一个流经的脉冲只持续千万分之一秒！现代的由触发器构成的计数器在一秒钟内能"计算"几千万次脉冲。这比人不用任何仪器仪器数数快一百万倍：人的肉眼只可以清楚地辨别间隔不小于0.1秒的信号。如果连接二十个触发器，即用不超过20位二进制数记录信号数，可以"数"到2^{20} −1，这个数字要大于一百万。如果连接64个触发器，就可以借助它来记录著名的"象棋数字"了。

能够在一秒钟内计算几百万的信号量，对于开展与核物理相关的试验工作，具有重要的意义。比如可以计算原子衰变时放射出来的各种粒子的数量。

一秒钟完成10 000次运算

触发器的模式还可以用来运算数字，真是太棒了！就让我们来看看两个数的和是怎么算出来的。

 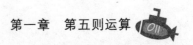

假设有三条触发器链，它们像图3所示的那样连接，最上面的一排触发器用来记录第一个加数，第二排触发器用来记录另一个加数，最下面的一排表示算出的结果。装置启动时，第一排和第二排的触发器中处在状态1的触发器会把脉冲传给第三排的触发器。

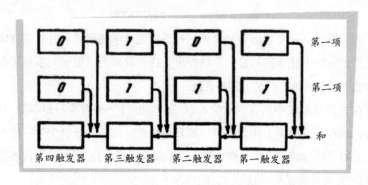

图 3

如图所示，上面两排记录的加数分别是101和111（二进制计数法）。那么最下排的第一个（最右边）触发器（在装置启动时）会接收到两个脉冲：分别来自两个加数的第一个（最右边）触发器。我们已经清楚，经过两个脉冲后，触发器依然会是状态0，而且会给第二个触发器发送应答脉冲。第二个触发器除了接收这个脉冲，还会接收到第二个加数发送的脉冲。也就是说第二个触发器会接收到两个脉冲，之后将进入状态0并向第三个触发器发送一个应答脉冲。传向第三个触发器的除了这个应答脉冲，还有两个脉冲（分别来自两个加数）。三个脉冲会使第三个触发器进入状态1并发出一个应答脉冲。这个应答脉冲又让第四个触发器进入状态1（再没别的脉冲传给第四个触发器了）。就这样图3显示的装置就完成了两个加数的"竖列"相加：

$$\begin{array}{r} 101 \\ + 111 \\ \hline 1100 \end{array}$$

或用十进制表示：5 + 7 = 12。装置就好像先把一个"1""记在心里"，然后在下一位进1，最下排触发器的应答脉冲也与这相吻合，也就是装置跟我们在进行"竖列"相加的做法是一样的。

假如每一排不是4个触发器，而是20个，那么就可以求百万数值的和，触发器越多可以求的和越大。

需要指出的是，现实中用来求和的装置要比图3描述的装置复杂一些。尤其是装置上少不了用来"延迟"信号的设备。事实上，上面给出的装置图中，两个加数的信号是同时（在装置启动的瞬间）抵达最下排第一个触发器的。结果两个信号一起传送，导致了触发器把它们看作一个信号，而不是两个。因此要避免加数的信号同时发出，而是一个稍微"滞后"另一个发出。存在这样"滞后"的话，两个数求和的过程，就会比单纯用计数器记录一个信号需要更多的时间。

修改一下装置图后，还可以使装置不是做加法，而是减法。也可以做乘法（乘法就是连续叠加，所以需要的时间比加法要长好几倍）、除法等运算。

上面所讲的装置就应用在现代计算机中。这些计算机能够在一秒钟内完成几万甚至几十万次的数字运算。而且不久的将来计算机将可以在一秒钟内完成几百万次的运算。初看起来这么惊人的速度好像没什么用途。好比计算机计算一个15位数的平方，花万分之一秒和花四分之一秒，又有什么区别呢？对我们来说都是"瞬间"就算出来的事。

可别急着下定论。举个例子，一位优秀的棋手，在下一步棋之前会分析几十种甚至上百种策略方案。假设考虑一个方案需要几秒钟，那么分析几百种方案就要花上几分钟或者几十分钟。棘手的棋局里，常常出现棋手"超时"的状况，也就是说棋手因为下前面的棋子时考虑的时间太长，超出了他预定的时间，所以往后就不得不快速走棋。要是把研究策略方案的任务交给计算机来完成会怎么样呢？既然计算机一秒钟能完成数千次运算，考虑各种战略方案也只是"瞬间"的工夫，永远也不会"超时"了。

你必然要争辩说，计算（尽管很复杂）是一回事，下棋又是另外一回事：计算机又不会下棋！棋手在研究策略时不是算，是想！我们先不争论，往后还会回到这个话题。

可能有多少种棋路

我们来估算一下棋盘上可能有多少种棋路。要得出精确的结果不太可能，但我们想让读者了解如何大致地估算可能的棋路数。在一本叫《游戏中的数学和数学娱乐》中就做了估算：

白棋第一步可以有20项选择（8个兵，每个可以走一格或者两格，有16种走法，2个马各有2种走法）。应对白棋任何一种走法黑棋有同样的20种走法。把白棋的每种走法和黑棋的每种走法组合起来，那么双方各走一步都有20×20 = 400种不同的棋路。

第一步后可能的棋局数更多了。比方说，假如白棋走的第一步是e2—e4，此后第二步有29种选择。后续的走法又进一步增多。只一个王后，比方说占在d5格里，就有27种可能的走法（假设它能走的格都没有被占）。但是为了方便计算我们采用平均数：

双方前5步每一步都有20种走法；

之后双方每一步都有30种走法。

一般一局棋的步数我们算作40步。那么可能的棋的路数就表示成：

$$(20 \cdot 20)^5 \cdot (30 \cdot 30)^{35}。$$

要近似地求出这个式子的值，我们做下面的变形和简化：

$$(20 \cdot 20)^5 \cdot (30 \cdot 30)^{35} = 20^{10} \cdot 30^{70} = 2^{10} \cdot 3^{70} \cdot 10^{80}。$$

把2^{10}换成与它近似的数字1000，即10^3。

3^{70}写成：

$$3^{70} = 3^{68} \cdot 3^2 \approx 10(3^4)^{17} \approx 10 \cdot 80^{17} = 10 \cdot 8^{17} \cdot 10^{17} = 2^{51} \cdot 10^{18} = 2 \cdot (2^{10})^5 \cdot 10^{18} \approx 2 \cdot 10^{15} \cdot 10^{18} = 2 \cdot 10^{33}。$$

所以，

$$(20 \cdot 20)^5 \cdot (30 \cdot 30)^{35} \approx 10^3 \cdot 2 \cdot 10^{33} \cdot 10^{80} = 2 \cdot 10^{116}。$$

这个数值要远远大于传说中的国际象棋发明者向国王提的奖赏——数之不尽的小麦颗粒数（$2^{64} - 1 \approx 18 \cdot 10^{18}$）。假如所有地球人都夜以继日地下国际象棋，一秒走一步，要下完所有可能的棋局，足足可以下10^{100}个世纪！

"自动"下棋装置

当你听说历史上曾有过自动下棋装置时，你应该会相当震惊。确实，这不是和棋子的无数种组合的事实相矛盾吗？

事情解释起来很简单。自动下棋装置并不曾存在，只不过人们愿意相信它存在而已。匈牙利机械师沃尔夫冈·冯·肯佩伦（1734—1804）创造的机器就一度名声大噪。他在奥地利和俄罗斯宫廷里展示了自己的机器后，又在巴黎和伦敦公开展览。拿破仑一世就和这个机器较量过，而且他的确相信自己是在和一部机器对峙。19世纪中期这个著名的机器被运到了美国，然后在费城被一场大火烧毁了。

其他的自动下棋装置没那么大的名气。然而直到不久前仍然有人相信类似的自动下棋机器的存在。

实际上并没有一台下棋机器是自动的。里面藏着一个人类棋手，下棋的是这个棋手。我们刚才说的那一台假机器是个巨大的箱子，里面是复杂的机械。箱子上放着棋盘和棋子，操纵棋子的是一个傀儡的手。比赛开始前会展示箱子内部，使人们确信里面除了机械零件就没有别的东西了。但是其实里面有足够的空间来藏住一个个子不大的人（名噪一时的棋手约翰·阿里盖耶尔和威廉·路易斯就曾扮演过这个角色）。有可能当依次向众人展示箱子的不同部分时，里面的人则悄悄挪到一旁没有掀开的部分。机械部分并没有任何作用，只是用来掩饰里面藏着的活人而已。

综合上面所说的，可以得出结论：棋路的数量是无限多的，而能够"自动"正确走子的机器只存在于容易轻信的人的想象中。因此不用担心象棋危机的出现。

然而，近年来发生的一些事件又让人怀疑这个结论是否正确。现在已经有了可以"下"棋的机器。这就是可以在一秒钟内完成几千次运算的、复杂的计算机。这种计算机我们之前已经提到过了。它又是怎么"下"棋的呢？

毫无疑问的是，任何计算机都是除了运算数据之外别的什么也做不了的。但是计算机是根据特定的运算模式、根据预算设定好的程序进行

计算的。

象棋"程序"是由数学家们按照某种象棋战略编写的，而战略指的是能够为每一种局势选出唯一（这个战略中"最优"）的一步的规则系统。下面就是这种战略其中的一个例子。每一个棋子都设为特定的分数值（价值）：

国王	+200分	兵	+1分
王后	+9分	落后兵（悬兵）	–0.5分
炮	+5分	孤兵	–0.5分
象	+3分	叠兵	–0.5分
马	+3分		

除了这个以外，还会以特定的形式评估布局的优势（棋子的灵活性、棋子靠近中间而不是边缘），并且用零点几分来表示。用白棋的总分减去黑棋的总分，得到的差值在某种程度上描述了白棋相对黑棋的物质优势和布局优势。如果差值为正，那么白棋的状况就更有利，如果差值为负——情况不利。

计算机会计算如何用往后的三步棋路来改变这个差值，在三步走法的组合中选择最优的方案并在专门的卡片上打出："子"已走[1]。每一步花费的时间并不长（这要看程序的类型和计算机的运行速度），所以没有必要担心它会"超时"。

当然，只能考虑接下来的三步棋路的话，显示了计算机还是很弱的"棋手"[2]，但不用怀疑，现在的计算机发展快速，很快就会"学会"更好地"下"棋的。

在这本书里展开地讲如何给计算机编写国际象棋程序很困难。我们将在下一章中系统地介绍一些最简单的程序。

---

①还有别的国际象棋"战略"。例如，计算时可以不考虑对手所有的可能走法，而只研究对方"厉害"的走法（吃子、进攻、防守等等）。接着，当对手的走法特别强悍的时候，可以不是预算接下来三步的走法，而是更多的走法。还可以使用不同的棋子价值标准，根据不同的战术变换计算机的"比赛风格"。
②在最优秀的国际象棋大师的棋局中会有选手提前考虑好10步或者更多的棋路。

三个二

题目

大概每个人都知道三个数字要怎么写，才能使它最大。三个9就应该这样放：

$$9^{9^9},$$

也就是写出9的第三级"超乘方"。

这个数大得出奇，甚至都没法通过任何比较来说明它的大。世界上可见的电子的总数跟它比起来都微不足道。在我的书《趣味算术》（第五章）中也有提到。又一次讲这个问题是因为想以它为例子引入另一问题：

不使用运算符号，三个二怎么写才能使它尽可能大。

解析

趁着三层九的写法还有印象，你或许会把几个二也写成这样：

$$2^{2^2},$$

然而这次的结果并不如意。这个数并不大——比222还小。实际上你写出来的只是2^4，也就是16。

三个二真正最大的写法——不是222和22^2（也就是484），而是

$$2^{22} = 4\ 194\ 304。$$

这个例子很有借鉴的意义。它说明在数学中根据类比来做判断是危险的；类比的方法很容易导致错误的结论。

三个三

题目

现在处理下面这个问题时你应该会谨慎一些了：

三个三，不使用运算符号，怎么写才能最大？

 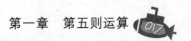

解析

把三个三叠放的写法在这里同样不管用，因为：3^{3^3}，也就是3^{27}，小于3^{33}。

后者就是这道题的答案。

三个四

题目

三个四，不使用运算符号，怎么写才能最大？

解析

假如这道题你按照前两道题的思路，也就是说给出这个答案：

$$4^{44},$$

那你就错了，因为这次三层叠放

$$4^{4^4}$$

恰巧更大。事实上，$4^4 = 256$，而4^{256}大于4^{44}。

三个相同的数

让我们来尝试一下深入探究这个让人费解的问题，为什么有的数三层叠放可以变成巨大的数值，而另一些数又不能？

三个相同的数，不使用运算符号，怎么写才能最大？

我们用字母a来表示个位数，a^{10a+a}，也就是a^{11a}符合2^{22}、3^{33}、4^{44}的写法。

三层叠放的写法概括起来是这样：

$$a^{a^a}。$$

我们来看看，a取什么值的时候后一种写法比前一种表示的数更大。因

为两种表达方式是底数相同的幂，那么指数越大的数值就越大。什么时候

$$a^a > 11a?$$

不等式两边同时除以a。得到

$$a^{a-1} > 11$$

很容易看出，只有当a大于3的时候，a^{a-1}才大于11，因为

$$4^{4-1} > 11,$$

而且

$$3^2和2^1$$

小于11。

现在我们就清楚为什么在解题时会出现例外了：2和3应该采用一种写法，4以及4以上的数则应该采用另外一种。

四个一

题目

四个一，不使用任何数学运算，怎么写才最大？

很自然会想到数——1 111，但不符合题目的要求，因为指数幂

$$11^{11}$$

要大很多倍。很少人会有耐心把11乘10次算出结果来。但是可以借助对数表很快确定它的大小。

结果比2 850亿还大，是1 111的25 000多万倍。

四个二

题目

接下来我们继续研究这一类型的题目，看看四个二的问题。

怎么写才能使四个二表示最大的数值？

解析

可能的组合有8种：

$$2222, \quad 222^2, \quad 22^{22}, \quad 2^{222},$$

$$22^{2^2}, \quad 2^{22^2}, \quad 2^{2^{22}}, \quad 2^{2^{2^2}}$$

哪一个数更大呢？

我们先从上面一排看起，也就是说两层叠放的形式的数。

第一个数2222明显比其余的数都小。要对比

$$222^2 和 22^{22}，$$

把第二个数做变形：

$$22^{22} = 22^{2 \cdot 11} = \left(22^2\right)^{11} = 484^{11}。$$

所以后一个数要大于222^2，因为指数幂484^{11}底数和指数都大于222^2的底数和指数。

现在对比22^{22}和第一排第四个数2^{222}，把22^{22}换成更大的数32^{22}，并且证明即使这个更大的数依然小于2^{222}。

实际上，

$$32^{22} = \left(2^5\right)^{22} = 2^{110}$$

这个指数幂要小于2^{222}。

那么上面一排最大的数就是2^{222}。

现在我们还要对比下面四个数的大小：

$$22^{2^2}, \quad 2^{22^2}, \quad 2^{2^{22}}, \quad 2^{2^{2^2}}$$

最后一个数等于2^{16}，马上可以排除。第一个数22^4要小于32^4或者说2^{20}，

那么就比剩下的两个数都小。剩下需要对比的三个数都是2的指数幂。显然，指数越大的数值越大。三个指数中

$$222，484和2^{20+2}（=2^{10\cdot2}\cdot2^2\approx10^6\cdot4）$$

中，最后的一个明显最大。

因而四个二所能表示的最大数值是：

$$2^{2^{22}}$$

我们没有查对数表也能大致知道这个数的大小，因为通过近似值

$$2^{10}\approx1000，$$

实际上，

$$2^{22}=2^{20}\cdot2^2\approx4\cdot10^6，$$

$$2^{2^{22}}\approx2^{4\,000\,000}>10^{1\,200\,000}。$$

那么这是一个超过一百万位的数。

第二章
代数的语言

列方程的技巧

　　代数学的语言是方程。"要解决数量关系或者抽象关系的问题，只需把问题从日常的语言转换成代数的语言就可以了"——伟大的牛顿在自己的名为《通用算数》的代数讲义中这样写着。但究竟怎样转换日常的语言呢？牛顿举出了例子。下面就是其中一个：

日常的语言	代数的语言
商人有一笔钱	x
第一年他花掉了100镑	$x-100$
他增添了剩余数额的三分之一	$(x-100)+\dfrac{x-100}{3}=\dfrac{4x-400}{3}$
第二年他又花了100镑	$\dfrac{4x-400}{3}-100=\dfrac{4x-700}{3}$
又增添了剩余数额的三分之一	$\dfrac{4x-700}{3}+\dfrac{4x-700}{9}=\dfrac{16x-2800}{9}$
第三年他又花了100镑	$\dfrac{16x-2800}{9}-100=\dfrac{16x-3700}{9}$
在他补进了剩余数额的三分之一后	$\dfrac{16x-3700}{9}+\dfrac{16x-3700}{27}=\dfrac{64x-14800}{27}$
他的钱是最初的两倍	$\dfrac{64x-14800}{27}=2x$

　　要确定商人一开始有多少钱，只要解最后一个方程就行了。

　　解方程有时并不是一件困难的事情；根据题目给出的数据列方程要更难

一些。刚才你也见识到了列方程的诀窍实际就是"把日常的语言转换成代数的语言"的能力。然而代数的语言是简洁的；所以远远不是每一句日常的语言都可以轻松翻译成代数的语言。转换的过程中会出现不同程度的困难，在接下来的一系列一次方程的例子中读者便会感受到这一点。

丢番图的生平

题目

对于卓越的数学家丢番图的生平事迹，人们知道得很少。所能得知的关于他的一切都刻在他的墓碑上，那是一道数学题。下面列出了墓碑的内容。

日常的语言	代数的语言
路人！这里埋着丢番图的骨灰。而这上面的数字暗藏着他生平的秘密。	x
他生命的六分之一是快乐的童年。	$\dfrac{x}{6}$
又过了十二分之一，两颊长胡，点燃了结婚的蜡烛。	$\dfrac{x}{12}$
再过七分之一，尚未有儿女。	$\dfrac{x}{7}$
五年之后天赐贵子。	5
可怜迟来的孩子，享年仅及其父的一半，便进入冰冷的墓。	$\dfrac{x}{2}$
悲伤之中又过了四年，他也走完了人生的旅途。	$x = \dfrac{x}{6} + \dfrac{x}{12} + \dfrac{x}{7} + 5 + \dfrac{x}{2} + 4$
请您说，丢番图活了多少年后才告别人世？	

解析

解方程得，$x=84$，那我们就知道丢番图的生命历程了：他21岁结婚，

 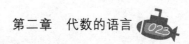

38岁当了爸爸，在80岁时失去儿子，84岁去世。

马和骡子

题目

还有一道简单而古老的题目，很容易就可以从日常的语言翻译成代数的语言。

马和骡子驮着重担并排走着。马抱怨自己的担子太重。"你有什么好抱怨的？"骡子答道，"要是我从你那儿拿一个包袱，我的担子就会比你的重一倍。但要是你从我背上拿走一个包袱，你的担子就和我的一样重了。"

请问，聪明的数学家们，马和骡子各驮着多少个包袱？

要是我从你那儿拿一个包袱	$x-1$
我的担子	$y+1$
比你的重一倍	$y+1=2(x-1)$
但要是你从我背上拿走一个包袱	$y-1$
你的担子	$x+1$
就和我的一样重了	$y-1=x+1$

我们把问题化为带两个未知数的方程

$$\begin{cases} y+1=2(x-1) \\ y-1=x+1 \end{cases}, \quad 即 \quad \begin{cases} 2x-y=3 \\ y-x=2 \end{cases}$$

解得$x=5$，$y=7$。马驮5个包袱，骡子驮7个包袱。

四兄弟

题目

四兄弟有45卢布。如果给老大的钱添上2卢布，老二的拿掉2卢布，老三的增加到两倍，老四的减少一半，四兄弟的钱就一样多了。每个人各有多少钱？

解析

四兄弟有45卢布	$x + y + z + t = 45$
如果给老大的钱添上2卢布	$x + 2$
老二的拿掉2卢布	$y - 2$
老三的增加到两倍	$2z$
老四的减少一半	$\dfrac{t}{2}$
四兄弟的钱就一样多了	$x + 2 = y - 2 = 2z = \dfrac{t}{2}$

把最后的方程式分成三个独立的方程式：

$$x + 2 = y - 2,$$
$$x + 2 = 2z,$$
$$x + 2 = \frac{t}{2},$$

得到：

$$y = x + 4,$$
$$z = \frac{x + 2}{2},$$
$$t = 2x + 4。$$

把这些值代入第一个方程式，得到：

$$x + x + 4 + \frac{x + 2}{2} + 2x + 4 = 45，$$

解为$x=8$，$y=12$，$z=5$，$t=20$。所以四兄弟各有：

$$8卢布，12卢布，5卢布，20卢布。$$

河边的鸟儿

题目

一个十一世纪的阿拉伯数学家曾出过这样一道题：

一条河的两岸各长着一棵棕榈树，两棵树隔岸相对。其中一棵高30肘尺长，另一棵高20肘尺长；两棵树的树根之间的距离是50肘尺长。每棵树的树梢上都坐着一只鸟儿。突然两只鸟看见树间的河面上游出水面的鱼儿；它们都马上飞过去，并且同时叼住了鱼儿。

图 4

鱼儿出现的地方距离较高的那棵树的树根有多远？

解析

根据示意图（图5），使用毕达哥拉斯定理（勾股定理），得到：

$$AB^2 = 30^2 + x^2,\ AC^2 = 20^2 + (50-x)^2.$$

而 $AB = AC$，因为两只鸟儿用相同的时间飞完这段距离。所以

$$30^2 + x^2 = 20^2 + (50-x)^2.$$

去括号和简化后，得到一次方程$100x = 2000$，解为$x = 20$。

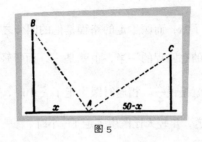

图 5

鱼儿出现在距离30肘尺高的棕榈树树根20肘尺远的地方。

散步

题目

"你明天下午来我家坐坐。"老医生跟自己的朋友说。

"谢谢你。我明天下午3点出门。你要是也想散步的话，那就也在那时出门，我们能在半路碰上。"

"你忘了我是个老头儿，一小时只能走3千米，而你这个年轻人一小时能走完4千米。让我少走些路总可以吧。"

"有道理。既然我每小时比你多走1千米，要让我们齐平的话，我就让你1千米，也就是说，我提前一刻钟出门。这样满意了吗？"

"你真是太贴心了。"老医生连忙答应。

年轻人也就这么做了，他2点45分出门，走路的速度保持每小时4千米。医生3点整出门，一小时走3千米。当他们相遇的时候，医生就转身和年轻人一同回家。

当年轻人回到自己家的时候，他才意识到，他让给医生的一刻钟不是让医生比他少走一倍的路，而是少走3倍！

医生家距离年轻人家多远？

解析

设他们家距离x（km）。

年轻人总共走了2x，而医生走的路程是他的四分之一，也就是$\dfrac{x}{2}$。相遇时，医生走了他的总路程的一半，也就是$\dfrac{x}{4}$，而年轻人走了两家之间距离剩余的路程，也就是说$\dfrac{3x}{4}$。相遇时医生走了$\dfrac{x}{12}$小时，而年轻人走了$\dfrac{3x}{16}$小时，而且我们还知道，年轻人比医生多走了$\dfrac{1}{4}$小时。

得出方程式

$$\frac{3x}{16} - \frac{x}{12} = \frac{1}{4},$$

解得$x = 2.4$（km）。

年轻人家距离医生家2.4千米。

刈草劳动组

著名的物理学家$A.B.$辛格尔在讲述自己关于列夫·托尔斯泰的回忆时，提到下面这道伟大的作家托尔斯泰很喜欢的题：

一个刈草劳动组有两片草地需要刈掉，一片草地的面积是另一片的两倍。一组人用一上午刈那片大草地。下午一组平均分成了两队：一队留在大的草地，并且在天黑前把它割完；另一队去割小草地，天黑前小草地还剩下一小块儿没刈完，第二天一个人花一天的时间把它割完了。

图6

刈草组里一共有多少个人？

解析

这道题里除了主要的未知数——刈草组的人数外，为了方便还可以引入一个辅助的未知数——那一块一个人一天刈完的草地面积，设刈草组总人数为x，一个人一天刈草面积为y。尽管题目并没有要求确定小草地的值，但它能简化我们求主要未知数的过程。

用x和y来表示大草地的面积。上午有x个刈草工人刈大草地；他们刈了

$$\frac{1}{2} \cdot x \cdot y = \frac{xy}{2}。$$

下午只有组合一半的人刈大草地，也就是$\frac{x}{2}$个刈草工人，他们刈了$\frac{x}{2}$

$\cdot \frac{1}{2} \cdot y = \frac{xy}{4}$。

因为整块大草地在天黑前刈完，那么它的面积等于：

$$\frac{xy}{2} + \frac{xy}{4} = \frac{3xy}{4}。$$

现在用x和y来表示小草地的面积。$\frac{x}{2}$个人一下午割了$\frac{x}{2} \cdot \frac{1}{2} \cdot y = \frac{xy}{4}$。加上没刈完的部分，也就是$y$（一个人刈一天草的面积），就得到小草地的面积：

$$\frac{xy}{4} + y = \frac{xy+4y}{4}。$$

剩下就只需把"一片草地的面积是另一片的两倍"转换成代数的语言，列出方程式：

$$\frac{3xy}{4} \div \frac{xy+4y}{4} = 2 或 \frac{3xy}{xy+4y} = 2。$$

把等式左边的分数约去y，于是把辅助的未知数排除，等式变成：

$$\frac{3x}{x+4} = 2 或 3x = 2x+8$$

解得$x=8$。

刈草劳动组中有8个人。

《趣味代数学》第一版出版后，$A.B.$辛格尔教授给我发来一封有趣的信，信里详细地讲述了这道题的故事。他认为，题目的主要意义在于"它

 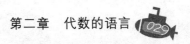

完全不是一道代数题，而是一道非常简单的算术题，难的只是它非模板化的形式。"

"这道题的由来是这样的，"*A.B.*辛格尔教授接着说道，"我的父亲和叔叔*H.H.*拉耶夫斯基在莫斯科大学数学系读书的时候，有一个类似于教育学的科目。这个科目要求学生到指定的城市人民中学，向那些有经验的中学教师学习授课。我的父亲和叔叔*H.H.*拉耶夫斯基的同学里有一个叫彼得罗夫的学生，据说他非常有天赋和独创性。这个彼得罗夫（好像很年轻的时候死于肺结核）认为，这些算术课毁了学生，使他们习惯于公式化的题目和公式化的解题方法。为了证明自己的想法，他出了几道题，这些新颖的题难倒了那些'有经验的中学教师'，但却被一些更有天赋的、思维尚未固化的学生解了出来。这道关于刈草劳动组的题目就是其中的一道。当然，有经验的老师借助方程式能够很轻易地解出这道题，但是他们完全没有想到简单的算术解法。而且这道题太简单了，根本用不着代数的方法。"

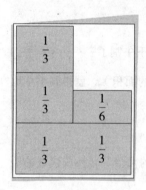

（图7）

如果大草地花了整个组合半天的时间、半个组合半天的时间，那么半个组合半天就刈了 $\frac{1}{3}$ 草地。所以小草地剩下没刈的那块为 $\frac{1}{2} - \frac{1}{3} = \frac{1}{6}$。如果一个人一天刈 $\frac{1}{6}$ 草地，那么一天刈的草地总共有 $\frac{6}{6} + \frac{2}{6} = \frac{8}{6}$，刈草劳动组共有8个人。

托尔斯泰一直都很喜爱设置精妙但又不刁难的题目。这道题我父亲很年轻时就接触到了。当我有机会和年老的托尔斯泰谈论这道题时，他格外赞叹的是，这道题假如用最原始的示意图来表示会变得清晰明了很多。（图7）

接下来我们还会遇到几道题，只要稍动脑筋，用算术而不是代数来求解，这些题会变得简单很多。

牧场上的牛

题目

"科学研究中具体的问题比规律更有益处。"牛顿在自己的《通用算术》中这样写，所以他讲述理论的时候总是列举了许多实例。在这些习题里，就有一个关于牛吃草的问题，堪称是下面这类特殊题型的始祖。

"牧场上的草均匀地生长。已知这片牧场可供70头牛吃24天，可供30头牛吃60天。问可供多少头牛吃96天？"

这道题还是一个幽默故事的题材，就像契诃夫笔下的"家庭教师"。老师给学生布置了这道题，他的两个亲戚在这道题上苦思冥想，百思不得其解：

"太奇怪了，"其中一个人说，"如果70头牛24天吃光牧场上所有的草，那够多少头牛吃96天呢？毫无疑问，是70头的 $\frac{1}{4}$，也就是 $17\frac{1}{2}$ 头……这说不通啊！还有一点不合理的：30头牛60天把草吃光，够多少头牛吃96天？这下更离谱： $18\frac{3}{4}$ 头牛。而且，假如70头牛24天吃完，那么30头牛按理应该吃56天就吃完了啊，怎么会是题目所说的60天呢。"

图8

"你有考虑到草一直在生长吗？"另一个人问道。

这句话有道理：草在不停地长，要是不考虑这一点，不仅这道题解不出来，而且连题目的条件都变得自相矛盾了。

这道题应该怎么解呢？

解析

我们在这里引入一个辅助的未知数，来表示一天里自然长出的草占牧场草储量的比例。设一天新长的草为 y，24天长 $24y$，如果草的总储量取1，

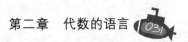

那么24天牛吃掉的草有

$$1+24y。$$

一天牛群（共70头牛）吃掉

$$\frac{1+24y}{24},$$

一头牛一天吃掉

$$\frac{1+24y}{24\times70}。$$

同理，30头牛60天吃完草，我们得出一头牛一天吃掉：

$$\frac{1+60y}{30\times60}。$$

而两个牛群的每头牛一天吃掉的草量是相同的。所以

$$\frac{1+24y}{24\times70}=\frac{1+60y}{30\times60},$$

解得

$$y=\frac{1}{480}。$$

求出了 y（草的生长率），就很容易算出一头牛吃草的速度：

$$\frac{1+24y}{24\times70}=\frac{1+24\times\frac{1}{480}}{24\times70}=\frac{1}{1600}。$$

最后可以列出解决这道题的方程式了：设所求的牛的数量为 x，那么

$$\frac{1+96\times\frac{1}{480}}{96\times x}=\frac{1}{1600},$$

解得 $x=20$。

牧场上的草可供20头牛吃96天。

牛顿的题目

现在我们来看牛顿那一道关于牛吃草的题，刚才那道题正是以它为样本改编的。

其实，这道题也不是牛顿自己想出来的，而是人民大众进行数学探索的产物。

"三片牧场的草均匀地生长，它们的面积分别是：$3\frac{1}{3}$公顷，10公顷和24公顷。第一片牧场的草能供12头牛吃4周，第二片能供21头牛吃9周，第三片牧场能供多少头牛吃18周？"

解析

引入一个辅助的未知数y，用来表示1公顷草地一周的生长率（新长出的草占初始草量的比率）。第一片牧场一周的生长率为$3\frac{1}{3}y$，而4周后就是初始时1公顷草地草量的$3\frac{1}{3}y \times 4 = \frac{40}{3}y$。这就好比原来的牧场扩大后变成了：

$$\left[3\frac{1}{3} + \frac{40}{3}y\right]$$

公顷。换句话说，牛吃掉了覆盖了$\left[3\frac{1}{3} + \frac{40}{3}y\right]$公顷的牧场的草。一周12头牛则吃了这么多草的四分之一，而一头牛一周则吃这么多草的$\frac{1}{48}$

$$\left[3\frac{1}{3} + \frac{40}{3}y\right] \div 48 = \frac{10+40y}{144} \text{公顷。}$$

同样的方法，用给出的第二片牧场的数据来表示一头牛一周吃掉的草的面积：

1公顷草地1周新长出的草量 $= y$

1公顷草地9周新长出的草量 $= 9y$

10公顷草地9周新长出的草量 $= 90y$

9周供21头牛吃的草所覆盖的面积为

$$10 + 90y$$

公顷，够一头牛一周吃的草的面积为

$$\frac{10+90y}{9 \times 21} = \frac{10+90y}{189}$$

公顷。两种情况下牛吃草的速率应该相同：

$$\frac{10+40y}{144} = \frac{10+90y}{189} \text{。}$$

解方程，得 $y = \dfrac{1}{12}$。

现在确定可供一头牛吃一周的草的面积：

$$\frac{10+40y}{144} = \frac{10+40 \times \frac{1}{12}}{144} = \frac{5}{54}$$

公顷。最后回到题目的问题。设牛的数量为 x，得到：

$$\frac{24+24 \times 18 \times \frac{1}{12}}{18 \times x} = \frac{5}{54},$$

解得，$x=36$。第三片牧场可供36头牛吃18周。

时针和分针的调换

题目

有一次著名的物理学家爱因斯坦生病了，他的朋友莫什科夫斯基想给他解解闷，就给他出了下面这道题（图9）。

"设想12点时表针的位置。"莫什科夫斯基说，"如果时针和分针的位置对调，显示的时间还是正确的。但是另一些时候——例如，6点钟的时候，要是调换时针跟分针，结果就是荒谬的，那样的表针位置不会出现在正常的表上。问题是：什么时候和每隔多久时针和分针的位置及时对调以后，显示的时间依然可能出现在正常的钟表上？"

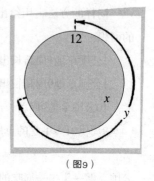

（图9）

"好，"爱因斯坦回答道，"这道题很适合一个卧病在床的人：足够有趣而且不简单。我只是担心这个乐趣持续不了多久：我已经有解题的思路了。"

他从床上微微欠起身子，轻轻地勾了几笔，在纸上画出了表示条件的草图，他解题用去的时间并不比我陈述题目的时间长……

这道题究竟怎么解呢？

解析

把圆周分成60等份，每份算作一刻度，以分针和时针距离数字12的刻度数来表示它们的位置。

时针的位置记为时针距离数字12的刻度x刻度，分针记为y刻度。因为时针12小时走过60个刻度，那么，即每小时走5个刻度，走x刻度则需$\frac{x}{5}$小时。换句话说，就是显示12点过后走了$\frac{x}{5}$小时。分针y分钟走了y刻度，即走了$\frac{y}{60}$小时。也就是说，$\frac{y}{60}$小时前分针走过了数字12的刻度，或者说从时针和分针同时指向12，到这个时候，已经过了

$$\frac{x}{5} - \frac{y}{60}$$

小时。这个数是整数（从0到11），因为它显示12点以后过了多少个完整的小时。

如果对调时针和分针的位置，时针和分针显示的时间表示从12点算起过了

$$\frac{y}{5} - \frac{x}{60}$$

小时。这个数也是整数（从0到11）。

得到方程组

$$\begin{cases} \frac{x}{5} - \frac{y}{60} = m \\ \frac{y}{5} - \frac{x}{60} = n \end{cases}$$

m和n都是0到11之间的整数。解方程组得：

$$x = \frac{60(12m + n)}{143},$$

$$y = \frac{60(12n + m)}{143}。$$

把从0到11的各个数代入m和n，我们就可以确定符合要求的分针和时

 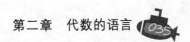

针的位置。因为m的12个值可以与n的12个值组合，好像有$12 \times 12 = 144$个解。但实际上应该是143个，因为当$m=0$，$n=0$和$m=11$，$n=11$时表针的位置是一样的。

$$当m=11，n=11，得$$
$$x=60，y=60$$

即钟表显示12点，与$m=0$，$n=0$时的情况相同。

我们不会列举所有可能的组合，只举两个例子：

第一个例子：

$$m=1，n=1；$$
$$x = \frac{60 \times 13}{143} = 5\frac{5}{11}，\quad y = 5\frac{5}{11}，$$

也就是说当表显示1小时$5\frac{5}{11}$分时；这个时刻时针跟分针是重合的，那当然可以换位置了（分针和时针重合的其他时刻也一样，即使对调了位置也没关系）。

第二个例子：

$$m=8，n=5；$$
$$x = \frac{60（5+12 \times 8）}{143} \approx 42.38，\quad y = \frac{60（8+12 \times 5）}{143} \approx 28.53。$$

相应的时刻是8小时28.53分和5小时42.38分。

我们知道一共有143个解。要找到表盘上所有符合表针位置要求的点，就要把表盘圆周分成143等份：得到143个所求的点。在其他的点上，表针位置对调是不可能的。

表针的重合

题目

在正常工作的表上有多少个时针和分针重合的位置？

解析

我们可以利用上一题列出来的方程式来解这道题：因为如果时针和分针重合的话，对调它们的位置并不会有什么变化。而且两根表针从12起走过的刻度相同，即$x=y$。这样一来，根据上题的推导，引入方程式

$$\frac{y}{5} - \frac{x}{60} = m$$

m是从0到11范围内的整数。从这个方程式得到：

$$x = \frac{60m}{11}。$$

从m可能的值中（0到11）符合要求的不是12个，而只有11个不同的表针位置，因为当$m=11$时，$x=60$，即两根表针都走了60个刻度，指向数字12；与当m等于0时的情况重复了。

猜数字的技巧

你们一定都曾见过猜数字的"戏法"。变戏法的人通常会让你像下面这么做：心里想好一个数，然后加上2，乘以3，减去5，再减去那个想好的数等等，总共5次或者10次运算。然后变戏法的人会问你最终的结果是什么，听完你的答案，他立刻就说出了那个你心里想的数字。

不用说，"戏法"的秘密很简单，而且它借助的依然是方程式。

例如，变戏法的人让你做下面图标左边一栏的运算：

想好一个数	x
加上2	$x+2$
结果乘以3	$3x+6$
减去5	$3x+1$
减去那个想好的数	$2x+1$
乘以2	$4x+2$
减去1	$4x+1$

然后他问你最终的结果是多少，而听了你的回答后他马上就说出了你心里想的那个数。他是怎么做到的？

要弄懂这一点，只需看看表格右边的一栏，这里面变戏法的人的指示都被转换成了代数的语言。从表格中可以看出，如果你随便想一个数x，那么经过所有的运算以后你会得到$4x+1$。知道这个就不难"猜到"那个你心里想的数了。

你看，这多么简单：变戏法的人提前就知道，要怎么处理结果，才能算出你心里想的数。

假设你告诉变戏法的人，得到的数是33。这时变戏法的人就快速地在心里算$4x+1=33$，得到$x=8$。换句话说，只需把最终的结果减去1（33−1=32），接着再除以4（32÷4=8）；便得到了你心里想的那个数（8）。要是你得到的数是25，变戏法的人就在心里运算25−1=24，24÷4=6，然后跟你说，你想的数是6。

懂了这个以后，你还可以让你的朋友们自己来选择对心里想的数字做哪种运算，使他们更加惊奇和困惑。你让朋友想一个数，然后做下面类型的运算，顺序随意加减一个已知数（比如加上2或减去5等等），乘以[①]一个已知数（乘以2，乘以3等等），加上或者减去想的那个数。你的朋友为了把你弄糊涂，会来一大串运算。举个例子，他心里想好了数字5（他不会告诉你），然后边说边算着：

"我想好了一个数，把它乘以2，得到的结果加上3，然后再加上想的那个数；现在我加上1，乘以2，减去想的那个数，减去3，再减去想的那个数，减去2。最后，我又把结果乘以2再加上3。"

他以为他已经把你绕晕了，然后会得意地告诉你：

"结果是49。"

然而使他惊奇的是，你快速地说出了他想的数字5。

你是怎么做到的呢？现在已经很清楚了。当你的朋友给你列举他对想好的数字做的运算时，你同时也在心里给未知数x做相应的运算。他跟你说："我想好了一个数……"而你则默念："也就是说，有一个未知数

---

① 最好别用除法，因为那样会把"戏法"变得很复杂。

x。"他说："把它乘以2……"（他实际上也在计算）你则继续暗自想："现在是$2x$。"他说："……结果加上3……"你也马上跟着："$2x+3$。"等等。当他结束上面列举的所有的运算，最后把你"绕晕"时，你也得出了下面表格里列出的式子（左边一栏是你的朋友说的内容，右边一栏是你在心里完成的运算）：

我想好了一个数	x
把它乘以2	$2x$
得到的结果加上3	$2x+3$
然后再加上想的那个数	$3x+3$
现在我加上1	$3x+4$
乘以2	$6x+8$
减去想的那个数	$5x+8$
减去3	$5x+5$
再减去想的那个数	$4x+5$
减去2	$4x+3$
最后，我又把结果乘以2	$8x+6$
再加上3	$8x+9$

最后的时候你心里想：最终的结果是$8x+9$。现在他说："我的结果是49。"而你已经列好了方程式：$8x+9=49$。解这个方程式太简单了，你马上就能告诉他，他想的数字是5。

这个戏法出彩的地方就是，不是你来决定对想的那个数做哪些运算，而是由你的朋友自己来"发明"这些运算。但是有一种情况戏法就不灵了。比如在一系列运算后你（心里）得出式子$x+14$，然后你的朋友说"……现在我减去这个想的数；结果是14。"你跟着想："$(x+14)-x=14$，结果的确是14。"但是方程式不存在了，你没法猜这个想的数了。这样的情况下怎么办？你可以这么办：一旦你得到的结果里没了未知数x，你就打断你的朋友说："停！我现在什么都不用问就可以说出你得到的结果是多少，是14。"这就让你的朋友不知所措了——毕竟他什么都没告诉你！然后，尽管你最终也不知道你朋友想的那个数，戏法还是很精彩！

这个就是例子（左边的一栏仍然是你的朋友说的话）：

我想了一个数	x
这个数加上2	$x+2$
结果乘以2	$2x+4$
现在我加上3	$2x+7$
减去原来想的那个数	$x+7$
加上5	$x+12$
然后我再减去想的那个数……	12

当你算到12那里的时候，也就是说算到不含未知数的式子，你就打断对方，告诉他，他这时的结果是12。

稍微练习一下，你也可以轻松给你的朋友们表演这样的"戏法"啦！

似非而是

题目

这道题或许看起来有些荒谬：

假如 $8 \times 8 = 54$，那么84等于什么呢？

这个奇怪的问题并不是没有意义的，而且可以通过方程式来解决。

尝试一下破解它吧。

解析

你已经猜到题目里的数字不是按照十进制来写的，要不然"84等于什么"的问题就是胡扯了。假设未知的计数法的基数里有x。那么数字84表示第二位的8个单位和第一位的4个单位，也就是说

$$"84" = 8x+4$$

数字"54"表示$5x+4$。

得到等式$8 \times 8 = 5x+4$，也就是十进制中$64 = 5x+4$，解得$x=12$。

数字是用十二进制来表示的，"84" $= 8 \times 12 + 4 = 100$。那么，如果$8 \times 8 = $ "54"，"84" $= 100$。

同样的方法可以用来解决这类型的题目：

当$5 \times 6 = 33$，100等于多少？

答案：81（九进制）。

方程式替我们考虑

方程式有时比我们还严谨，你要是不相信，做做下面这道题就知道了。

父亲32岁，儿子5岁。过多少年父亲的年龄是儿子的10倍？

设未知的期限为x年。过了x年，父亲$32+x$岁，儿子$5+x$岁。那时候父亲的年龄是儿子的10倍，那么得到方程式：

$$32+x=10（5+x）。$$

解得$x=-2$。

"负2年以后"表示"两年前"。当我们列方程式的时候，我们没想过父亲的年龄以后不会是儿子的10倍。这个比例只可能在过去。看来，方程式比我们考虑更周全，而且会提醒我们哪里有疏漏。

奇怪又意外的结果

在解方程式时，得出的结果有时会让没有经验的数学家束手无策。我们举几个例子。

1. 求一个两位数：这个两位数的十位数比个位数小4。如果把这两个数字的位置对调，再减去之前的两位数，结果等于27。

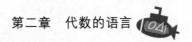

这个两位数的十位数用x表示，个位数用y表示，很容易就可以为这道题列出方程组：

$$\begin{cases} x = y-4 \\ (10y+x) - (10x+y) = 27 \end{cases}$$

把第一个方程式代入第二个方程式，得：

$$10y+y-4-[10(y-4)+y] = 27,$$

转换后得：36=27。

我们还没确定未知数的值，却得出36=27，这是什么意思？

这意味着符合条件的两位数不存在，而且列出来的两个方程式相互矛盾。

实际上：第一个方程式两边同时乘以9，我们发现：

$$9y-9x = 36,$$

而从第二个方程式中我们得知（去括号和合并同类项后）：

$$9y-9x = 27。$$

同样是$9y-9x$的值，第一个方程式等于36，而第二个方程式等于27。这必然是不可能的，因为36≠27。

解下面这个方程组时也会出现同样的错误：

$$\begin{cases} x^2y^2 = 8 \\ xy = 4 \end{cases}$$

第一个方程式除以第二个方程式，得到：

$$xy = 2,$$

但是把得到的式子与第二个式子对比后，发现

$$\begin{cases} xy = 2 \\ xy = 4 \end{cases}$$

也就是说4=2。符合方程组的数字不存在。（类似刚才见到的无解的方程组，称为不相容方程组。）

2. 假如把之前那道题的条件改一下的话，我们还会遇到另一种意外的情况。当十位数不是比个位数小4，而是小3，其他条件保持不变。这个数是多少？

列方程。如果十位数用x来表示，个位数用x+3表示。翻译成代数的语

言就是：

$$10（x+3）+x-[10x+（x+3）] =27。$$

简化后得到

$$27=27。$$

这个等式显然没有错，但是它没有告诉我们x的值。这是不是意味着符合题目要求的数不存在呢？

恰恰相反，这意味着我们列的方程式是恒等式，也就是说，未知数取任意值都是正确的。的确，很容易就可以证实，任意十位数比个位数小3的两位数都具备题目中的特点：

14+27=41　　47+27=74

25+27=52　　58+27=85

36+27=63　　69+27=96

3．求一个三位数，这个三位数具有下面的特点：

①十位数是7；

②百位数比个位数小4；

③如果把这个数倒过来写，那么得到的新的数字比所求的三位数大396。

用x表示个位数，列方程：

$$100x+70+x-4-[100（x-4）+70+x] = 396。$$

方程式简化后得等式

$$396=396。$$

读者已经知道，该怎么解释类似的结果了。它表示每一个百位数比个位数小4[①]的数字加上396都等于这个数字倒过来写的大小。

到目前为止，我们讲的题都多多少少有些书面化；它们的目的就是帮助我们学习列方程和解方程的技能。现在有了理论基础，我们接下来要接触到的例子将更具现实意义，它们来源于生产、生活、军事和运动领域。

---

①十位数字多少是没有关系的。

理发店

题目

在理发店里也会用得上代数吗？是的。我确信这一点，是因为我在理发店有过这样的经历，理发师有次走到我跟前，向我提了一个意外的请求：

"请问您可以帮我们解一道题吗？我们自己怎么算也算不清楚。"

"就因为算不出来，都糟蹋了多少染发剂！"另一个理发师在一旁插嘴说。

"什么题？"我问。

"我们有两种过氧化氢溶液，30%的和3%的。得把它们混合配出12%的溶液。我们找不到正确的比例……"

他们给了我一张纸，他们想要的比例就求出来了。

这道题原来很简单，是怎么解的呢？

解析

这道题可以用算术来解，但是用代数更快更简单。假设配12%的溶液需要从3%的溶液中取x克，从30%的溶液中取y克。那么第一份溶液就含$0.03x$克纯过氧化氢，第二份$0.3y$克，总共得到（$x+y$）克溶液，含有纯过氧化氢（$0.03x+0.3y$）克。

里面需要含有的过氧化氢是0.12（$x+y$）克。

得出方程式：

$$0.03x+0.3y=0.12（x+y）。$$

解方程得$x=2y$，也就是说3%的溶液应该比30%的溶液多取一倍。

电车和行人

题目

当我沿着电车轨道走的时候，我发现，每隔12分钟就有一辆电车超过我，而每隔4分钟就有一辆与我迎面相遇。我和电车都是匀速前行。

求电车从总站发车的时间间隔是多少？

解析

如果每隔x分钟就有一辆电车从总站发车，那么经过x分钟第二辆电车就会经过我遇见前面一辆电车的地方。要是电车能追上我，那么在剩余的$12-x$分钟内它就应该行驶完那段我12分钟走完的路程。也就是说，我1分钟走完的路程，电车行驶了$\dfrac{12-x}{12}$分钟。

如果电车从与我相迎的方向开来，前一辆经过我身旁后4分钟又有一辆跟我相遇，那么后一辆应该在（$x-4$）分钟内行驶完我4分钟走完的路程。所以我1分钟走完的路程，电车行驶了$\dfrac{x-4}{4}$分钟。

得到方程式：

$$\frac{12-x}{12} = \frac{x-4}{4}。$$

解得$x=6$。电车每隔6分钟发一次车。

还可以用下面这个（实际上是算术）解题方法。用a表示前后两辆电车之间的距离。那么我和迎面开来的电车之间的距离每分钟就缩短$\dfrac{a}{4}$（因为刚从我身边经过的电车与下一辆开来的电车之间的距离等于a，而我和这辆电车一起用了4分钟走完这段距离）。假如身后的电车赶上我，那么我们之间的距离每分钟缩短$\dfrac{a}{12}$。现在假设我先向前走1分钟，然后又转身往回走1分钟（也就是说回到原来的地方）。那么第一分钟内我和迎面开来的电车之间的距离缩短$\dfrac{a}{4}$，第二分钟内（假设这辆电车已经超过我）缩短$\dfrac{a}{12}$。两

分钟我们之间的距离总共缩短 $\frac{a}{4}+\frac{a}{12}=\frac{a}{3}$。如果我站在原地不动，结果也一样，因为我反正也会回到原地。所以，假如我不动，那么每分钟（而不是两分钟）电车会向我前进 $\frac{a}{3} \div 2 = \frac{a}{6}$，而整段距离 a 电车在6分钟内行驶完。这意味着，电车每隔6分钟就会经过一个站着不动的人。

轮船和木筏

题目

轮船从 A 城行驶到位于河流下游的 B 城花了5小时（中途没有停留）。逆流返程（按照一样的自身的速度而且同样没有停留）花了7小时。木筏（依靠水流的速度）从 A 城到 B 城需要几个小时？

解析

用 x 来表示轮船在静止的水中（也就是说凭借自身的速度）从 A 城行驶到 B 城所需要的时间，用 y 表示木筏行驶的时间。那么一小时轮船行驶了距离 AB 的 $\frac{1}{x}$，而木筏（流水）行驶过了 AB 距离的 $\frac{1}{y}$。所以轮船顺流而下时每小时行驶 AB 距离的 $\frac{1}{x}+\frac{1}{y}$，逆流而上时 $\frac{1}{x}-\frac{1}{y}$。根据题目给出的条件，轮船顺流每小时行驶总路程的 $\frac{1}{5}$，逆流时行驶 $\frac{1}{7}$。得到方程组：

$$\begin{cases} \dfrac{1}{x}+\dfrac{1}{y} = \dfrac{1}{5} \\ \dfrac{1}{x}-\dfrac{1}{y} = \dfrac{1}{7} \end{cases}$$

我们发现解这个方程组用不着去分母：只需要两个方程相减，结果得到：$\dfrac{2}{y} = \dfrac{2}{35}$

解得 $y=35$。木筏从 A 城到 B 城需行驶35个小时。

两罐咖啡粉

题目

两罐装满咖啡粉的铁罐，它们的形状和材质都一样。一罐重2千克，高12厘米；另一罐重1千克，高9.5厘米。铁罐里的咖啡粉的净重是多少？

解析

用 x 表示大铁罐里的咖啡粉重量，用 y 表示小铁罐里的咖啡粉重量。铁罐自重分别用 z 和 t 表示。得到方程式：

$$\begin{cases} x+z = 2 \\ y+t = 1 \end{cases}$$

因为两个装满咖啡粉的铁罐的重量的比，等于它们的体积的比，也就是说高的立方的比[①]。那么 $\dfrac{x}{y} = \dfrac{12^3}{9.5^3} \approx 2.02$ 或者 $x=2.02y$。

两个空铁罐的重量的比，等于它们的整个表面积的比，也就是说高的平方的比。所以 $\dfrac{z}{t} = \dfrac{12^2}{9.5^2} \approx 1.60$ 或者 $z=1.60t$。

把 x 和 z 代入第一个方程式，得到方程组：

$$\begin{cases} 2.02y+1.60t = 2 \\ y+t = 1 \end{cases}$$

解方程，得：

$$y= \frac{20}{21} = 0.95, \quad t = 0.05。$$

从而

$$x = 1.92, \quad z = 0.08。$$

大铁罐里的咖啡净重是1.92千克，小铁罐里的是0.95千克。

[①]只有当铁罐的铁皮不是很厚的时候才可以使用这个比例（因为铁罐的外表面和内表面，严格地说，并不完全相同，除了这一点外，铁罐内部的高度，严格地说，也跟铁罐的高度有差异）。

一次晚会

题目

晚会上有20个跳舞的人。玛利亚和7位男舞伴跳过舞，奥莉加和8位男伴跳过舞，薇拉和9位男舞伴跳过舞等等。到了尼娜，她和所有的男舞伴都跳过舞。晚会上一共有多少位男舞伴（男士）？

解析

如果选好了未知数，这道题解起来就很容易了。我们不求男舞伴的数量，而求女舞伴的数量，用x来表示她们的数量：

第一位：玛利亚和6+1位男舞伴跳过舞

第二位：奥莉加和6+2位男舞伴跳过舞

第三位：薇拉和6+3位男舞伴跳过舞

....

第x位：尼娜和 6+x位男舞伴跳过舞

得到了方程式

$$x+(6+x)=20。$$

解得

$$x=7。$$

从而男舞伴的数量就是

$$20-7=13。$$

海上探测

题目

与舰队同行的探测器（勘探船）接到一个任务：负责侦察舰队运

行前方70英里的海域。舰队行驶的速度是每小时35英里，探测器的速度是每小时70英里。探测器经过多长时间返回舰队？

图10

解析

设x小时后探测器归队。这段时间里舰队走了$35x$英里，而探测器走了$70x$英里。探测器前进了70英里以及返回部分走过的路程，舰队则走完了它走过路程的剩余部分。它们一共走了$70x+35x$，等于2×70英里。得到方程式

$$70x+35x = 140。$$

解得

$$x = \frac{140}{105} = 1\frac{1}{3}$$

小时。探测器在1小时20分钟后返回舰队。

题目2

探测器接到了指令对舰队航行前方进行探测。3小时后探测器必须返回舰队。如果探测器的速度是每小时60海里，而舰队的速度是每小时40海里，探测器离开舰队后经过多长时间就得往回走？

解析

设探测器应该在x小时后往回走，它驶离舰队x小时，而朝着舰队航行了（$3-x$）小时。当舰队和探测器朝着一个方向航行，探测器在x小时后距离舰队

$$60x-40x = 20x。$$

回程的时候探测器朝舰队航行了60（$3-x$）海里，而舰队则航行了40（$3-x$）海里。两者一共走了$20x$海里。于是

$$60（3-x）+40（3-x）= 20x。$$

解得

$$x = 2\frac{1}{2}。$$

探测器应该在离开舰队后2小时30分后掉头往回航行。

自行车赛车场上

题目

两个骑自行车的人在自行车赛车场的圆形跑道上骑车，他们行驶的速度未知。当他们相向而行，会每隔10秒钟相遇一次；而当他们同向而行，一个人每隔170秒赶超另一个人一次。如果圆形跑道长170米，问每个人的速度是多少？

解析

如果第一个人的速度是每秒x米，那么10秒钟他就行驶了$10x$米。另一个人，与他相向而行，在两次相遇之间行驶了圆圈的剩余路程，也就是（$170-10x$）米。如果另一个人的速度是y，那么这一路程就是$10y$米；所以

$$170-10x=10y。$$

如果两个人是一个跟在另一个后面行驶的，那么第一个人170秒走了$170x$米，而第二个人走了$170y$米。如果第一个人比第二个人快，那么从一次相遇到下一次相遇时，第一位比第二位多走了一圈，也就是说

$$170x-170y=170。$$

两个方程式简化后得到：

$$x+y=17，x-y=1，$$

解得

$$x=9，y=8（米/秒）。$$

摩托车比赛

题目

在摩托车比赛中，三辆摩托车中的第二辆摩托车比第一辆每小时少走15千米，却比第三辆每小时多走3千米，结果比第一辆晚12分钟，却比第三辆快3分钟抵达终点。途中没有任何停留。

需要确定：

（1）比赛行程有多长？

（2）每辆摩托车的速度是多少？

（3）每辆摩托车跑了多长时间？

解析

尽管要求的未知数有7个，我们解这道题只需求出其中两个未知数：列带有两个未知数的方程组。

我们用x表示第二辆摩托车的速度。那么第一辆的速度就是$x+15$，第三辆的速度是$x-3$。

路程的长度我们用y来表示。行驶的时间（小时）则是：

$$第一辆是 \frac{y}{x+15},$$

$$第二辆是 \frac{y}{x},$$

$$第三辆是 \frac{y}{x-3}。$$

我们知道，第二辆摩托车比第一辆在路上多花12分钟（也就是$\frac{1}{5}$小时），所以

$$\frac{y}{x}-\frac{y}{x+15}=\frac{1}{5}。$$

第三辆比第二辆在路上多花3分钟（也就是$\frac{1}{20}$小时）。从而，

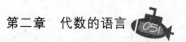

第二章　代数的语言　051

$$\frac{y}{x-3} - \frac{y}{x} = \frac{1}{20}。$$

第二个方程式乘以4，再用第一个方程式减去这个乘积：

$$\frac{y}{x} - \frac{y}{x+15} - 4\left[\frac{y}{x-3} - \frac{y}{x}\right] = 0。$$

方程式各项除以y（我们知道y的值不等于零），然后去分母，得到

$（x+15）（x-3）-x（x-3）-4x（x+15）+4（x+15）（x-3）=0。$

去括号、合并同类项后：

$$3x-225=0,$$

解得

$$x=75。$$

求出x以后，代入第一个方程式：

$$\frac{y}{75} - \frac{y}{90} = \frac{1}{5},$$

解得

$$y=90。$$

这么一来，三辆摩托车的速度就确定了

每小时90千米、75千米、72千米

行程总长度为90千米。

路程除以每辆摩托车的速度就求出了行车时间：

第一辆摩托车行驶了1小时，

第二辆摩托车行驶了1小时12分钟，

第三辆摩托车行驶了1小时15分钟。

这样一来，七个未知数就都确定了。

平均行驶速度

汽车以每小时60千米的速度走完两座城市的距离，并且以每小时40千米的速度返回。汽车行驶的平均速度是多少？

解析

这道题表面看很简单，实际上却有陷阱。如果没有仔细审题，就会误求60和40的平均数，也就是

$$\frac{60+40}{2} = 50。$$

如果往返车程的时间都一样，那这个"简单"的解题方法就对了。但是清楚的是，回程（速度更小）会比去路花更多的时间。考虑到这一点，我们知道50这个答案是错的。

确实，列方程的话会得出不同的答案。假如引入一个辅助的未知数——城市间的距离l，列方程就不难了。用x来表示所求的平均速度，列出方程式

$$\frac{2l}{x} = \frac{l}{60} + \frac{l}{40}。$$

因为l不等于零，可以两边同时除以l；得到：

$$\frac{2}{x} = \frac{1}{60} + \frac{1}{40}。$$

从而

$$x = \frac{2}{\frac{1}{60} + \frac{1}{40}} = 48。$$

所以，正确的答案不是每小时50千米，而是每小时48千米。

如果我们用字母符号来解这道题（汽车去程的行驶速度是每小时a千米，回程是每小时b千米），就会得到方程式

$$\frac{2l}{x} = \frac{l}{a} + \frac{l}{b},$$

从而得出x的值为

$$\frac{2}{\dfrac{1}{a} + \dfrac{1}{b}}。$$

这个值叫作和的调和平均数。

所以说，行程的平均速度不是用算术平均数来表示，而是用速度的调和平均数来表示。整数a和b的调和平均数总小于它们的算术平均数$\dfrac{a+b}{2}$，上面数字的例子我们也看到了（48小于50）。

老式计算机

《趣味代数学》中讲到方程式总是免不了要提到用计算机来解方程。我们已经讲过计算机可以"下"国际象棋（或围棋）。数学计算机还可以完成别的任务，比如，把一种语言翻译成另一种语言、谱写乐曲等等。只需编写相应的"程序"，使计算机根据它来运行。

当然，在这里我们不打算展开讲下棋或者翻译的"程序"，这些"程序"太复杂了。我们只分析两个非常简单的"程序"。但是需要先简单介绍一下计算机的构造。

之前（第一章中）我们提到过计算机是一秒钟完成数千次运算的设备。计算机直接完成运算的这部分叫运算装置。除此之外，机器里还有控制装置（调控整个计算机的工作）和所说的内存。存储器，或者换个说法，记忆装置，是数字和规定信号的储存仓库。最后机器配备了特殊的设备用来输入新的数据和输出结果。

大家都很清楚，声音可以在唱片或磁带上刻录和播放。但是用唱片只能录一次音，要重新录的话就得用新的唱片。用录音机录音就有些不同了，通过磁化特殊的磁带。录下的声音可以播放多次，而且如果一段录音不需要了，还可以把它"洗掉"，然后还是用原来的磁带来录新的录音。

存储器的工作原理也是一样的。数字和操作信号（借助于电信号、磁信号和机械信号）记录在专门的磁鼓、磁带等设备上。需要的时候，记录下来的数字可以被"读取"，如果不再需要这个数字，则可以把它擦除，用来记录别的数字。数字和操作信号的"记录"和"读取"只需百万分之几秒。

存储器可以包含几千个存储单元，而每个存储单元可以包含几十个存储元件，例如磁性元件。对于存储二进制数字，我们规定，每一个磁化的存储元件代表1，而没有磁化的存储元件表示数字0。打比方说，每个单元包含25个元件（或者说25位二进制数），而且单元的第一个元件表示数字的正负号（+或–），接下来的14位用来记录数字的整数部分，而剩余的10位存储分数部分。图11中画出了存储器的两个单元；每个单元有25位。磁化的元件用符号"+"表示。没有磁化的用"–"表示。

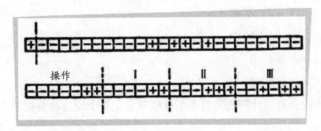

图11

我们来看上面画的单元（逗号表示小数点的位置，虚线把数字正负号的第一位与其他位隔开）。单元里面（用二进制）记录了数字+1011，01，在我们所习惯的十进制中是11.25。

存储器除了储存单元中的数字，还可以记录指令，程序就是由这些指令组成的。我们来看看所说的三地址计算机的指令是长什么样的。在记录指令时，存储器单元分为4个部分（图11下面的存储单元的虚线）。第一部分表示运算法则，而且还是用数字（编号）来记录。

比如：

加法——操作1，

减法——操作 2，

乘法——操作 3 等等。

指令应该理解为：单元的第一部分——运算编号，第二和第三部分——两个存储单元的编号（地址），需要从这里获取用于运算的数字，第四部分——存储单元的编号（地址），得到的运算结果将会发送到这里。如图11（下排）所示，用二进制记下了数字11，11，111，1011，或者说十进制里的3，3，7，11，表示的指令是：对3号和7号存储单元里的数字进行操作3（也就是乘法），而得到的结果"记"（记录）到11号存储单元里。

往后我们不再用像图11一样的图标来记录数字和指令，而是直接用十进制来表示。例如图11下面那排描述的指令就记作：

乘法　3　7　11

接着我们来看两个很简单的程序例子。

程序 I

（1）加法　4 5 4

（2）乘法　4 4 →

（3）转移　　　1

（4）0

（5）1

让我们看看当计算机的前五个存储单元记下上面这些数据后，它将怎么运作。

第一项指令：把记录在4号和5号存储单元里的数字相加，并把结果再次发送到4号存储单元（取代原来那里记录的数字）。这样一来，计算机就会在4号存储单元里记下数字0+1=1。完成第一项指令后4号和5号存储单元里将会是下面的数字：

（4）　1

（5）　1。

第二项指令：让4号存储单元里的数字乘以自身（也就是说把它平方）并把结果，也就是12写到卡片上（箭头表示输出结果）。

第三项指令：把操控转移到1号存储单元。换句话说，指令"转移"表示需要重新依次执行从1号存储单元开始的所有指令。那好，再一次执行第一项指令。

第一项指令：把记录在4号和5号存储单元里的数字相加，并把结果再

次发送到4号存储单元。4号存储单元里的结果是1+1=2，

（4）2，

（5）1。

第二项指令：求出4号存储单元里的数字的平方，也就是说2^2，把结果写到卡片上（箭头——输出结果）。

第三项指令：把操控转移到1号存储单元。（也就是说，又回到第一项指令）。

第一项指令：把数字2+1=3发送到4号存储单元。

（4）3，

（5）1。

第二项指令：把数字3^2写到卡片上。

第三项指令：把操控转移到1号存储单元。以此类推。

我们发现，计算机依次地计算出整数的平方，并把它们写在卡片上。注意了，不用每次都手动输入新的数字，是计算机自己把整数逐一平方。根据这个程序来运作，计算机要算出从1到10 000 的整数的平方只需几秒钟（或者甚至不到一秒）。

值得一提的是，实际中用于求整数的平方的程序要比上面的例子复杂些。首先这与第二项指令有关。问题在于，把结果写到卡片上需要的时间要比计算机完成一次运算的时间长很多倍。所以算好的结果一开始先"记"在空白的存储单元中，这以后才"不慌不忙地"写到卡片上。这样的话，第一次结果应该"记"在第1个空白的存储单元，第二次结果"记"在第2个空白的存储单元，第三次结果"记"在第3个空白的存储单元。上面介绍的简化版程序并没有考虑这一点。

还有，计算机不能长时间求平方——存储单元不够用，而且根本不可能"猜出"计算机什么时候才能算完我们需要的平方数，在这个时候关闭它（毕竟计算机一秒钟可以进行几千次运算！）。所以会设定特殊的指令，用来在需要的时刻停止计算。比如可以编写程序使计算机算出所有从1到10 000的整数的平方，然后就自动停止。

还有其他一些更加复杂的指令种类，但为简单起见这里就不讲了。

下面就是实际中用来计算所有从1到10 000的整数的平方的程序。

 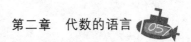

程序 II

（1）加　8 9 8

（2）乘　8 8 10

（3）加　2 6 2

（4）有条件转移 8 7 1

（5）停

（6）0 0 1

（7）10 000

（8）0

（9）1

（10）0

（11）0

（12）0

··

前两个指令跟上面那个简化版的程序的前两个指令差不多。完成这两个指令后在8号、9号和10号存储单元里会是下面的数字：

（8）1

（9）1

（10）1^2

第三项指令很有意思：先把2号和6号存储单元里的数字相加，结果又记到2号存储单元，在这之后2号存储单元将会变成这样：

（2）乘　8 8 11。

你也看到了，完成第三项指令后第二项指令也变了，更确切地说，第二项指令中的一个地址变了。下面我们会解释为什么要这么做。

第四项指令：有条件转移操控（而不是前面那个程序中的第三项指令）。这个指令是这样操作的：如果8号存储单元里的数字小于7号存储单元里的数字，那么操控就转移到1号存储单元；要不然就执行下一个（也就是说第五个）指令。目前确实是1<10 000，所以操控转移到第一个存储单元。这样一来，又接着执行第一项指令。

第一项指令完成后8号存储单元将会是数字2。

第二项指令现在变成：

（2）乘 8 8 11，

结果是把数字2^2放到11号存储单元。现在就清楚，为什么要进行之前的第三项指令了：新的数，也就是2^2，不会去到10号存储单元，10号单元已经被占了，所以得到下一个存储单元去。第一项和第二项指令完成以后我们的数字会变成：

（8）2

（9）1

（10）1^2

（11）2^2

完成第三项指令后2号存储单元变成

（2）乘 8 8 12。

也就是说机器"做好了准备"，要把新的结果记录在下一个存储单元——12号存储单元。因为8号存储单元里的数还是比7号存储单元里的小，所以第四项指令意味着再次把操控转移到1号存储单元。

现在完成了第一项和第二项指令，我们得到：

（8）3

（9）1

（10）1^2

（11）2^2

（12）3^2

计算机会按照这个程序计算到什么时候呢？会计算到8号存储单元出现数字10 000为止，也就是说直到算出从1到10 000的整数的平方为止。然后第四项指令已经不会把操控转移给1号存储单元（因为在8号存储单元里的数字已经不是小于而是等于7号存储单元里的），也就是说执行完第四项指令后进行第五项指令：终止（关闭）。

让我们来看一个复杂程序的例子：解方程组。我们还是讨论简化版的程序。读者感兴趣的话可以自己思考一下，这个程序完整的版本会是怎样的。

假设方程组

 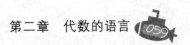

$$
\begin{cases}
ax+by=c \\
dx+ey=f
\end{cases}
$$

这个方程组不难求出解：

$$
x=\frac{ce-bf}{ae-bd}, \quad y=\frac{af-cd}{ae-bd}。
$$

解这样的方程组（带有定值系数a，b，c，d，e，f）你可能需要几十秒。而计算机一秒钟就可以解上千个这样的方程组。

我们来看看相应的程序。我们假设一次就有多个方程组：

带定值系数a，b，c，d，e，f，a'，b'……

这就是相应的程序：

（1）×28 30 20　　　　（2）×27 31 21

（3）×26 30 22　　　　（4）×27 29 23

（5）×26 31 24　　　　（6）×28 29 25

（7）-20 21 20　　　　（8）-22 23 21

（9）-24 25 22　　　　（10）÷20 21 →

（11）÷22 21 →　　　　（12）+ 1 19 1

（13）+ 2 19 2　　　　（14）+ 3 19 3

（15）+ 4 19 4　　　　（16）+ 5 19 5

（17）+ 6 19 6　　　　（18）转移　1

（19）　6 6 0　　　　（20）　0

（21）　0　　　　　　（22）　0

（23）　0　　　　　　（24）　0

（25）　0　　　　　　（26）　a

（27）　b　　　　　（28）　c

（29）　d　　　　　（30）　e

（31）　f　　　　　（32）　a'

（33）　b'　　　　（34）　c'

（35）　d'　　　　（36）　e'

（37）　f'　　　　（38）　a''

……

第一项指令：把28号和30号存储单元里的数字相乘，然后结果发送到20号存储单元。换句话说，20号存储单元里会记录数字ce。

第二项指令到第六项指令的操作与第一项指令相类似。完成这些指令以后第20号到第25号存储单元里会是下面这些数字：

（20）ce

（21）bf

（22）ae

（23）bd

（24）af

（25）cd

第七项指令：20号存储单元里的数字减去21号存储单元里的数字，得到的结果（也就是$ce-bf$）重新记录到20号存储单元里。

第八项指令和第九项指令的操作也相类似。这使得20号存储单元、21号存储单元和22号存储单元里出现下面这些数字：

（20）$ce-bf$

（21）$ae-bd$

（22）$af-cd$

第十项和第十一项指令：列出分数

$$\frac{ce-bf}{ae-bd} \text{ 和 } \frac{af-cd}{ae-bd}$$

然后写到卡片上（也就是输出最终的结果）。这就是第一个方程组的解。

好的，第一个方程组解出来了。还要后面的指令干什么？程序接下来的指令（12号存储单元到19号存储单元）用来让计算机"准备好"解第二个方程组。让我们来看看这是怎么做到的。12号到17号存储单元是为了使1号到6号存储单元里的数字加上19号存储单元里的数字，而结果依然放在1号到6号存储单元中。这样完成17号存储单元以后，前六个存储单元会变成：

（1）× 34 36 20

（2）× 33 37 21

（3）× 32 36 22

（4）× 33　35　23

（5）× 32　37　24

（6）× 34　35　25

第18项指令：把操控转移到1号存储单元。

前六个存储单元里新的记录与之前的记录有什么不同呢？不同的是，里面的地址从之前的26到31变成32到37。换句话讲，计算机进行的运算类型没有变，只不过不会从26号存储单元到31号存储单元提取数字，而是从32号到37号存储单元提取。这样计算机就会解出第二个方程组。解出第二个方程组后计算机又会着手解第三个方程组等等。

我们可以看出来，正确地编制"程序"多么重要。毕竟计算机"自己"什么也"不会"做。它只能够执行给定的程序。有专门计算根、对数、正弦的程序，解多次方程组的程序等等。我们之前也提过了，还有专门下棋、翻译的程序……需要完成的任务越复杂，相应的程序就也越复杂。

最后要提的一点是，还有一种所说的编程程序，也就是说借助这些程序，能够让计算机自己编写程序来解决任务。程序的编制工作时常非常繁重，而这些程序大大地减轻了编程的工作量。

第三章
对算术的帮助

很多时候，算术不能通过自身的方法来严谨地证明它的一些命题的正确性。这时候就只能借助概括的代数方法。例如，许多简便运算的规则、某些数字的有趣特点、整除性的特征等等，证明这些算术的命题都需要用代数来做支撑。这一章要讲的就是这一类问题。

速乘法

计算熟练的人常常懂得如何利用代数变形来减少计算量。比如，计算 988^2 时这么做：

$988 \times 988 = (988+12) \times (988-12) + 12^2 = 1\,000 \times 976 + 144 = 976\,144$。

不难想到，这里使用的是下面这个代数变形：

$$a^2 = a^2 - b^2 + b^2 = (a+b)(a-b) + b^2。$$

实际计算中用这个公式来做口算会很管用。

例如：

$$27^2 = (27+3) \times (27-3) + 3^2 = 729，$$

$$63^2 = 66 \times 60 + 3^2 = 3\,969，$$

$$18^2 = 20 \times 16 + 2^2 = 324，$$

$$37^2 = 40 \times 34 + 3^2 = 1\,369，$$

$$48^2 = 50 \times 46 + 2^2 = 2\,304，$$

$$54^2 = 50 \times 58 + 4^2 = 2\,916。$$

接着，986×997 是这么计算的：

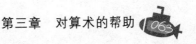

$$986 \times 997 = 1000 \times (986-3) + 14 \times 3 = 983\,042。$$

这个方法的依据是什么呢？我们把乘数写成：

$$(1\,000-14) \times (1\,000-3)，$$

按照代数的规则把二项式相乘：

$$1\,000 \times 1\,000 - 1\,000 \times 14 - 1\,000 \times 3 + 14 \times 3，$$

进行变形：

$$1\,000\,(1\,000-14) - 1\,000 \times 3 + 14 \times 3$$
$$= 1\,000 \times 986 - 1\,000 \times 3 + 14 \times 3$$
$$= 1\,000 \times (986-3) + 14 \times 3。$$

最后一排表示的就是刚才的计算方法了。

两个百位数相同、十位数相同、个位数相加等于十的三位数相乘的方法也很有意思。例如，

$$783 \times 787$$

可以这么算：

$$78 \times 79 = 6\,162；\ 3 \times 7 = 21；$$

结果是：

$$616\,221。$$

下面的变形就很清晰地描述了这是怎么得来的：

$$(780+3) \times (780+7) = 780 \times 780 + 780 \times 3 + 780 \times 7 + 3 \times 7$$
$$= 780 \times 780 + 780 \times 10 + 3 \times 7$$
$$= 780\,(780+10) + 3 \times 7$$
$$= 780 \times 790 + 21$$
$$= 616\,200 + 21。$$

计算这类型运算的另一个方法更简单：

$$783 \times 787 = (785-2) \times (785+2) = 785^2 - 4 = 616\,225 - 4$$
$$= 616\,221。$$

在这个例子中我们就不得不求785的平方了。

下面这个方法特别适用于求尾数是5的数字的平方：

$$35^2；\ 3 \times 4 = 12。结果是1\,225。$$

$$65^2；\ 6 \times 7 = 42。结果是4\,225。$$

75^2；$7 \times 8 = 56$。结果是5625。

　　规则就是，把十位数乘以这个数加1的数，乘积乘以100再加上25。

　　下面描述的是这个方法的依据。假设十位数是a，那么这个数可以表示成：

$$10a + 5。$$

　　按二项式的平方的公式，这个数的平方等于

$$100a^2 + 100a + 25 = 100a（a+1）+25。$$

式子$a（a+1）$就是十位数与比它大1的数的乘积。这个乘积乘以100，再加上25——也就是在末尾两位直接写上25。

　　从这个方法还引申出了一个简便的方法来处理带$\frac{1}{2}$的数的平方：

$$〔3\frac{1}{2}〕^2 = 3.5^2 = 12.25 = 12\frac{1}{4}，$$

$$〔7\frac{1}{2}〕^2 = 56\frac{1}{4}，\quad 〔8\frac{1}{2}〕^2 = 72\frac{1}{4}等等。$$

数字1、5和6

　　也许大家都注意到几个尾数是1或5的数连乘，得到的数的尾数依然不变。其实当尾数是6时情况也一样，这注意到的人就比较少了。所以顺便提一下，以6为尾数的数，多次方后的结果的尾数仍然是6。

　　例如：

$$46^2 = 2116；\quad 46^3 = 97\ 336。$$

　　数字1、5和6的这个有趣的特点可以通过代数的方法来论证。就让我们来看看数字6的这个特性。

　　尾数是6的数表示成：

$$10a + 6，10b + 6等等，$$

这里a和b为整数。

　　两个数的乘积等于

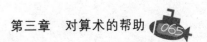

$$100ab+60b+60a+36=10（10ab+6b+6a）+30+6$$
$$=10（10ab+6b+6a+3）+6。$$

我们看到，乘积由一个10的倍数的数和一个数字6组成，它的末尾当然是6了。

同样的方法还可以证明1和5的这个特点。

从上面所说的，我们能够判断，诸如：

$$386^{2567}的末尾是6，$$
$$815^{723}的末尾是5，$$
$$491^{1732}的末尾是1等等。$$

数字25和76

有的两位数也具有跟1、5和6一样的特点。数字25，还有，很多人都不会想到，数字76居然也是这样。任何两个尾数为76的数相乘，得到的乘积的尾数仍旧是76。

让我们来证明这一点。类似的数字通用的表达方式：

$$100a+76，100b+76等等。$$

这样的两个数相乘，得到：

$$10000ab+7600b+7600a+5776$$
$$=10\,000ab+7600b+7600a+5700+76$$
$$=100（100ab+76b+76a+57）+76。$$

这就证明了：乘积的尾数是76。

由此得出，尾数为76的数，它的任何多次方尾数也为76。

$$376^2=141\,376，576^3=191\,102\,976等等。$$

无限长的"数"

还有一些大的数,当它们在数字的末尾时,数字相乘后,它们仍然会出现在乘积的末尾。这样的数字的位数是无限的,这也是我们接下来要讨论的。

我们知道的具有这种特点的两位数是25和76。要找出类似的三位数,需要在数字25或76前面加上一位,使它变成也具有这个特点的三位数。

在数字76前面应该写上哪个数呢?我们用k来表示这个数。那么所求的三位数就表示成:

$$100k+76。$$

以这一组数为尾数的数字的通式是:

$$1000a+100k+76,\ 1000b+100k+76,\ 等等。$$

这两个同类型的数相乘,得到:

$$1\,000\,000ab+100\,000ak+100\,000bk+76\,000a+76\,000b$$

$$+10\,000k^2+15\,200k+5776。$$

除了最后两个加数,其他所有的加数的末尾都不少于三个零。所以,如果下面的差数

$$15\,200k+5776-(100k+76)=15\,100k+5700=15\,000k+5000$$

$$+100(k+7)$$

能被1000整除,则乘积的尾数是$100k+76$。显然,只有当$k=3$的时候能被1000整除。

这样一来,所求的三位数就是376了。所以数字376的所有多次方尾数也是376。例如:

$$376^2=141\,376。$$

如果我们现在想找出具有相同特征的四位数,那我们得在376前面再添一个数。如果我们用l来表示这个数,我们就得出了问题:当l取什么值时,乘积

$$(10\,000a+1000l+376)\times(10\,000b+1000l+376)$$

的结尾是$1000l+376$?如果把这个乘积去括号并且把所有结尾有四个零和四

 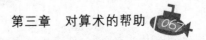

个零以上的项排除掉，剩下的项是

$$752\ 000l + 141\ 376,$$

如果差数

$$752\ 000l + 141\ 376 - (1000l + 376)$$

$$= 751\ 000l + 141\ 000$$

$$= (750\ 000l + 140\ 000) + 1000(l + 1)$$

能被10 000整除，乘积的末尾是$1000l + 376$。显然，只有当$l = 9$时才能成立。

所求的四位数是9376。

得到的四位数前面还可以加上一个数字，只需要按照上面的思路进行推论。我们会得到09 376。再往后，我们会求出六位数109 376，然后是七位数7 109 376等等。

这样从右往左一位一位地增加数字，可以无限地进行下去。结果我们就得到了一个无限长的"数"：

$$\cdots\cdots7\ 109\ 376。$$

类似的"数"可以按照一般的规则相加或相乘：既然它们是从右往左写的，而加法和乘法的运算（"竖直方向"）也是从右往左，所以两个这样的数的和与乘积可以逐一地减去任意多的数。

有意思的是，尽管看起来难以置信，上面所说的无限长的"数"还满足方程式$x^2 = x$。

实际上这个"数"的平方（也就是它乘以自身）的尾数是76，因为两个因数的末尾都是76；同样的道理，这个"数"的平方的尾数是376；尾数也是9376，以此类推。换句话说，在逐一地计算"数"x^2各个位上的数字时，发现$x = \cdots\cdots7\ 109\ 376$，我们得到的一串数字，与$x$里包含的一样，所以$x^2 = x$。

我们刚刚分析的一组数的尾数是76[①]。如果对末尾是5的数进行类似的推论，我们会得到这样的数：

———————

[①] 我们要指出，要求出两位数76，可以按照之前介绍的思路进行推导：只要解决一个问题，在数字6前应加上哪个数字，才能使得到的两位数具有我们讨论的特征。所以逐个地在6前面添加数字，就会得到"数字"$\cdots\cdots7\ 109\ 376$。

5，25，625，0625，90 625，890 625，2 890 625等等。结果我们就又能得到一个无限长的"数"

$$\cdots\cdots 2\,890\,625,$$

同样满足方程式。也可以指出的是，这个无限长的"数""等于"

$$(((\,5^2\,)^2\,)^2\,)^{2^{2^{2^2}}}$$

可以用无穷"数"的语言来表述这个有趣结果：方程式$x^2=x$有两个解（除了一般的$x=0$和$x=1$外）：

$$x=\cdots\cdots 7\,109\,376 \text{和} x=\cdots\cdots 2\,890\,625,$$

没有其他解（在十进制中）[①]。

补偿——一道古代的民间数学题

从前发生了这样一件事。两个牲畜贩子卖掉了他们的一群犍牛，每头犍牛卖出的卢布数和牛群里犍牛总数一样多。他们用赚到的钱买了一群羊，每只羊10卢布，还用钱数的零头买了一只羊羔。在平分买来的羊的时候其中一个人多得了一只羊，而另一个人要了那只羊羔并且从他的合伙人那拿到一些钱作为补偿。补偿的金额是多少（假设补偿的数额是整数）？

解析

这道题目不能直接翻译成"代数的语言"，所以没办法列方程式。只好用特殊的方法来解决了，或者说用灵活的数学思考来解决。但即使在这样的情况下代数还是可以给算术提供很大的帮助。

牛群卖得的总金额是一个完全平方数，单位是卢布，因为n头犍牛每头n卢布。其中一个合伙人多拿了一只羊，那么，羊的数目是奇数；这意味

---

① 不仅可以在十进制中研究无限长的"数"，还可以在其他计数法中对它进行分析。这种在以p为基础的计数法中的数叫作p进数。

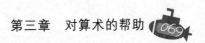

着，数字n^2的十位数也是奇数。个位数又是多少呢？

可以证明，如果完全平方数中的十位数是奇数，那么个位数只能是6。

事实上，十位数是a、个位数是b的任何数，也就是（$10a+b$）的平方数等于

$$100a^2+20ab+b^2=（10a^2+2ab）×10+b^2。$$

这个数里的十位数是$10a^2+2ab$中的十位数加上b^2里包含的十位数。但是$10a^2+2ab$可以被2整除——说明这个数是偶数。所以只有当b^2中的十位数是奇数，（$10a+b$）^{2}的十位数才会是奇数。我们回想一下b^2是什么。这是一个个位数的平方数，也就是说是下面10个数中的其中一个：

$$0，1，4，9，16，25，36，49，64，81。$$

其中十位数是奇数的只有16和36——两个数的尾数都是6。也就意味着，完全平方数

$$100a^2+20ab+b^2$$

只有当尾数是6的时候，它的十位数才是奇数。

现在就很容易找到问题的答案了。显然，羊羔的价钱是6卢布。拿到羊羔的合伙人比另一个人少拿4卢布。为了平均分配份额，拿了羊羔的人应该从他的合伙人那里补拿2卢布。

补偿的钱是2卢布。

能否被11整除

根据数字的一些特征，不用做除法就可以判断这个数能不能被某个除数整除，而代数就为我们找到这些特征提供了便利。判断能不能被2，3，4，5，6，7，8，9，10整除的特征是大家都熟悉的。就让我们看看能被11整除的特征，这个特征很简单也很实用。

设多位数N的个位数是a，十位数是b，百位数是c，千位数是d等等。

$$N=a+10b+100c+1000d+\cdots\cdots$$
$$=a+10（b+10c+100d+\cdots\cdots），$$

这里省略号表示后面的各位数的和。N减去数字11（$b+10c+100d+\cdots\cdots$），一个11的倍数，那么得到的差，很容易看出来，等于

$$a-b-10（c+10d+\cdots\cdots），$$

这个数除以11的余数和N除以11的相同。这个数再加上11（$c+10d+\cdots\cdots$），一个11的倍数，我们得到

$$a-b+c+10（d+\cdots\cdots）。$$

这个数除以11的余数还是与N除以11的余数相同。把这个数再减去11（$d+\cdots\cdots$），一个11的倍数，以此类推。最终我们得到

$$a-b+c-d+\cdots\cdots=（a+c+\cdots\cdots）-（b+d+\cdots\cdots），$$

这个数除以11的余数与N除以11的余数相同。

这样就得出了下面这个判断能否被11整除的特征：需要用这个数的奇数数位上的数的和减去偶数数位上的数的和；如果差等于0或者是11的倍数（正数或者负数），那么这个数也是11的倍数；否则这个数不能被11整除。

我们来验证一下87 635 064这个数：

$$8+6+5+6=25$$

$$7+3+0+4=14$$

$$25-14=11$$

那就是说这个数可以被11整除。

我们来看另外一个判断数字能不能被11整除的特征，这个特征适合不是特别大的数字。这个特征就是，把要试验的数字从右往左每两个数字一组进行切分，再把切分出来的数字相加。如果得到的和可以被11整除，那么这个试验的数字也能被11整除，否则的话就不能被11整除。例如，我们需要验证的数是528。把这个数切分（5|28）并把切分出来的数字相加：

$$5+28=33。$$

因为33可以被11整除，那么528也是11的倍数：

$$528÷11=48。$$

让我们来证明这个整除性的特征。我们把多位数N进行切割。然后我们

得到几个两位数（或个位数①），把它们（从右往左）表示成a，b，c……所以N可以记作：

$$N=a+100b+10\ 000c+\cdots\cdots=a+100\ (b+100c+\cdots\cdots)\ 。$$

从N中减去数字99（$b+100c+\cdots\cdots$），一个11的倍数。得到的数字

$$a+\ (b+100c+\cdots\cdots)\ =a+b+100\ (c+\cdots\cdots)\ ，$$

除以11的余数与N除以11的余数相同。这个数再减去数字99（$c+\cdots\cdots$），一个11的倍数，以此类推。最终我们得到的数字

$$a+b+c+\cdots\cdots$$

除以11的余数与N除以11的余数相同。

车牌号

题目

三个数学系学生在街上逛的时候，发现一个汽车司机违规驾驶。（四位数的）车牌号谁也没记住，但因为他们都是学数学的，每个人都注意到了这个四位数的某个不同特征。一个学生记得这个数的前两位是一样的。第二个学生想起这个数的后两位也是一样的。最后，第三个学生肯定地认为这个四位数是一个完全平方数。根据这些条件可以确定车牌号吗？

解析

我们用a来表示第一个（和第二个）数字，用b来表示第三个（和第四个）数字。那么这个数字就等于$1000a+100a+10b+b=1100a+11b=11$（$100a+b$）。

把这个数除以11，因为这个数（是完全平方数）可以被11整除。也就是说，数字$100a+b$是11的倍数。我们在判断能否被11整除的两个特征中选

---

① 如果N是奇数位数，那么最后（最左）的部分是个位数。除此以外，像03这样的形式应该看作个位数3。

用一个，发现数字a+b是11的倍数。这意味着

$$a+b=11,$$

因为a和b都小于10。

这个完全平方数的最后一个数字b只能是下面这些值：

$$0, 1, 4, 5, 6, 9。$$

因为a等于11−b，它只可能是下面这些值：

$$11, 10, 7, 6, 5, 2。$$

前面两个数不符合，剩下以下这些可能性：

$$b=4, \quad a=7;$$

$$b=5, \quad a=6;$$

$$b=6, \quad a=5;$$

$$b=9, \quad a=2。$$

我们看到车牌号需要从下面四个数中找：

$$7744, 6655, 5566, 2299。$$

但是后面三个数不是完全平方数：数字6655可以被5整除，但是不能被25整除；数字5566可以被2整除，但是不能被4整除；数字2299=121×19也不是完全平方数。只剩下数字7744=88^2，这就是题目的解。

能否被19整除

论证下面这个能否被19整除的判断法。

一个数当且仅当它的十位数与它的个位数的两倍的和为19的倍数时，这个数才能被19整除。

解析

任意数N可以表示成

$$N=10x+y,$$

这里的x是十位数（不是十位数上的一个数字，而是整个数字里十的倍

 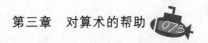

数），y是个位数。我们要证明，当且仅当

$$N'=x+2y$$

是19的倍数时，N可以被19整除。N'乘以10，乘积再减去N，得到：

$$10N'-N=10(x+2y)-(10x+y)=19y。$$

从这里可以看出，如果N'是19的倍数，那么

$$N=10N'-19y$$

也可以被19整除；反过来，如果N可以被19整除，则

$$10N'=N+19y$$

是19的倍数，那么，显然N'也可以被19整除。

例如，假设要确定47 045 881这个数能否被19整除。

运用我们的整除性特征：

$$
\begin{array}{r}
47045881 \\
+2 \\
\hline
4704519 0 \\
+18 \\
\hline
470613 \\
+6 \\
\hline
47112 \\
+4 \\
\hline
4715 \\
+10 \\
\hline
517 \\
+14 \\
\hline
19
\end{array}
$$

因为19可以被19整除，所以，可以推知57，475，4 712，47 063，4 704 590，47 045 881这些数可以被19整除。

综上所述，这个数可以被19整除。

苏菲·姬曼定理

题目

这是一道由著名的数学家苏菲·姬曼提出来的题目：

证明，所有形式为a^4+4的数都是合数（若a不等于1）。

解析

通过以下变形可以证明：

$$a^4+4=a^4+4a^2+4-4a^2=(a^2+2)^2-4a^2=(a^2+2)^2-(2a)^2=(a^2+2-2a)(a^2+2+2a)。$$

a^4+4这个数可以写成两个乘数的乘积，这两个因数都不等于1[①]，换句话说，它是一个合数。

合数

质数的数量是无穷的。质数，也就是大于1的而除了能被1和本身整除以外，不能被其他整数整除的整数。

从2，3，5，7，11，13，17，19，23，29，31……开始，质数数列可以无限往下延伸。合数和质数相互穿插，把自然数列分割成或长或短的合数区段。这些合数区段一般有多长？有的地方会不会出现，例如，连续一千个合数中间没有任何一个质数？

可以证明存在任意长度的在质数之间的合数段——尽管看起来难以置信。合数段的长度没有边界：组成合数段的合数数量可以是一千个、百万个、十亿个等等。

为了方便起见我们用符号$n!$来表示从1到n（含n）的所有数的乘积。

---

① 因为如果$a\neq1$，$a^2+2-2a=(a^2-2a+1)+1=(a-1)^2+1\neq1$。

例如，5! $=1\times2\times3\times4\times5$。我们现在证明，数列

[（$n+1$）! $+2$]，[（$n+1$）! $+3$]，[（$n+1$）! $+4$]，……到[（$n+1$）! $+$（$n+1$）]（含[（$n+1$）! $+$（$n+1$）]）由n个连续的合数组成。

这些数字在自然数列中连续依次排列，因为每个数都比它前面的一个数大1。现在需要证明所有这些数都是合数。

第一个数

（$n+1$）! $+2=1\times2\times3\times4\times5\times6\times7\times\cdots\cdots\times$（$n+1$）$+2$

是偶数，因为它的两个加数都含因子2。而所有大于2的偶数都是合数。

第二个数

（$n+1$）! $+3=1\times2\times3\times4\times5\times\cdots\cdots\times$（$n+1$）$+3$

由两个均是3的倍数的加数组成。也就是说，这个数也是合数。

第三个数

（$n+1$）! $+4=1\times2\times3\times4\times5\times\cdots\cdots\times$（$n+1$）$+4$

可以被4整除，因为它由两个4的倍数的加数组成。

用同样的方法确定，下面这个数

（$n+1$）! $+5$

是5的倍数等等。换句话说，数列中的每一个数都包含不同于1和它本身的因子，那么它就是合数。

例如，你想要写出5个连续的合数，你只要把$n=5$代入上面列出的式子，就会得到数列

722，723，724，725，726。

但是这不是唯一的由5个连续的合数组成的数列。还有其他的数列，例如，

62，63，64，65，66。

或者数字更小一些的：

24，25，26，27，28。

让我们来解一道题：

写出10个连续的合数。

解析

在前面内容的基础上，我们可以把

$$1 \times 2 \times 3 \times 4 \times \cdots\cdots \times 10 \times 11 + 2 = 39\,816\,802$$

作为所求的数列的第一个数，那么这个数列就是：

$$39\,816\,802,\ 39\,816\,803,\ 39\,816\,804\cdots\cdots$$

但其实还存在10个更小的连续合数。一百多的数字里就有不是10个而是30个连续的合数：

$$114，115，116，117\cdots\cdots126（含126）。$$

质数的数量

既然合数区段的长度多长都有，那么我们自然会产生疑问，质数数列有尽头吗？所以看来在这里证明质数数列的无穷性并不是多余的。

古代数学家欧几里得就论证过这一点，并收录在他著名的《几何原本》中。他采用的是"反证法"。我们假设，质数数列的长度是有限的，并用字母N来表示质数数列的最后一个数。

$$1 \times 2 \times 3 \times 4 \times 5 \times 6 \times 7 \times \cdots\cdots \times N = N!$$

乘积加上1，得到

$$N! + 1。$$

这个整数应该包含至少一个质数因子，也就是说，至少可以被一个质数整除。但是所有的质数，根据假设，都不大于N，数字$N! + 1$不能被任何一个小于或等于N的数整除——无论如何都会余1。

所以，质数数列的长度有限的说法不能成立：这个假设自相矛盾。这样我们就可以断定，无论在自然数列中的合数区段有多长，在它后面都还是可以找到无穷多的质数。

已知的最大质数

明确质数可以无限大是一回事，知道哪些数是质数又是另一回事。自然数越大，就要进行越多的计算，才能知道这个自然数是不是质数。下面这个数是目前已知的最大的质数：

$$2^{2281}-1。$$

这个数大约有十进制七百位。这个数是质数是借助现代计算机的计算得出的。

关键的一步计算

在实际运算中会经常遇到一些计算，如果不借助代数的简便方法，所需的计算量会非常大。例如，需要计算这样的式子的结果：

$$\frac{2}{1+\dfrac{1}{90000000000}}。$$

物体的运动速度比电磁波传播的速度小很多，而这个计算要确定，不考虑属于相对论力学的变化，与物体速度相关的技术是否适用以前的速度相加法则。根据旧的力学，参与两种相同方向运动的物体，速度分别是$v_1 km/s$和$v_2 km/s$，那么物体的速度是（v_1+v_2）km/s。新的学说提出物体运动的公式是

$$\frac{v_1+v_2}{1+\dfrac{v_1 v_2}{c^2}}\ km/s,$$

这里的c是光在真空中传播的速度，约等于$300\,000 km/s$。尤其是参与两种方向相同的运动、每种运动的速度都是$1km/s$的物体，根据旧的力学，该物体的速度是$2km/s$，但根据新的力学却是

$$\frac{2}{1+\dfrac{1}{90000000000}}\ km/s。$$

这两个结果差别有多大呢？存在的差别能够被最精密的测量仪器测量出来吗？为了弄清楚这个问题不得不计算出上面的式子。

我们将用两种方法来计算：先用一般的算术方法，再看看怎么用代数的方法来算出结果。只要看一眼下面的一长串数字就会认同代数的方法的优势是无可争辩的。

首先把我们的"多层"分数进行变形：

$$\cfrac{2}{1+\cfrac{1}{90\ 000\ 000\ 000}} = \frac{180\ 000\ 000\ 000}{900\ 000\ 000\ 001}。$$

分子除以分母：

```
180000000000        │ 190000000001
 90000000001        │ 1，999，999，999，977…
 899999999990
 810000000009
  899999999810
  810000000009
   899999998010
   810000000009
    899999998010
    810000000009
     899999980010
     810000000009
      899998000010
      810000000009
       899980000010
       810000000009
        899800000010
        810000000009
         898000000010
         810000000009
          880000000010
          810000000009
           700000000010
           630000000007
            700000000003
```

你也看到了，这样的计算非常费事，而且需要耐心和细心，很容易就搞混出错。同时还要仔细看清楚哪一排数字到哪里中断，并开始出现一系

列新的数字。

对比一下，如何利用代数快刀斩乱麻般应对同样的计算。代数用了下面这个近似相等概念：如果a是一个非常小的分数，那么

$$\frac{1}{1+a} \approx 1-a,$$

这里的"$\approx$"是近似相等的意思。

要证明这个式子很简单：我们对比被除数1和除数与商的乘积：

$$1=(1+a)(1-a),$$

也就是

$$1=1-a^2。$$

因为a是一个很小的分数（比如0.001），那么a^2就更小了（0.000001），所以可以忽略不计。

把上述的式子运用到我们的计算中[1]

$$\frac{2}{1+\dfrac{1}{90000000000}} = \frac{2}{1+\dfrac{1}{9 \cdot 10^{10}}} \approx$$

$$\approx 2 \times (1-0.111\cdots\cdots \times 10^{-10}) = 2-0.0000000000222\cdots\cdots =$$
$$=1.9999999999777\cdots\cdots$$

我们得到的结果与之前的是一样的，但是过程却便捷很多。

（读者可能好奇这样的结果对我们提出的那个力学的问题有什么意义。这个结果显示，由于我们研究的速度与光速相比很小，几乎没有偏离旧的速度相加法则：即使是像1千米/秒这么大的速度，它也只影响到我们需要确定的数字小数点后第十一位，而一般的仪器只能精确到小数点后4到6位。我们可以肯定地说，爱因斯坦的新的力学几乎对与速度"慢"（与光速相比）的物体相关的计算没有影响。但是当代生活中有一个领域，在对待这个看似绝对的结论时需要多一些谨慎。这个领域就是航天学。毕竟今

---

[1]　我们使用下面的近似的等值：$\dfrac{1}{1+a} \approx 1-a$

天我们的速度已经达到了大约10千米/秒（卫星和火箭运行时）。这时经典力学和爱因斯坦的力学之间的差别就关系到小数点后九位了。况且科技日新月异，不久还将实现更快的速度……）

不用代数更简便

有的时候代数能给算术提供极大的便利，但有的时候代数的介入只会把问题复杂化。真正领悟数学就是懂得怎么支配各种数学的方法，选择最直接、可靠的途径，也不用去考虑这个解题方法是算术的方法、代数的方法还是几何学的方法等等。使用代数反而混淆了解题人思路的情况，同样值得我们借鉴。下面这道题就是一个很好的启发。

求所有除以

2余1，

3余2，

4余3，

5余4，

6余5，

7余6，

8余7，

9余8

的数中最小的一个数。

解析

有人拿着这道题来问我："您会怎么解这道题呢？这里的方程式太多了，都没法解。"

本来问题很简单，解这道题不用列任何方程式，也用不着代数的方法，用简单的算术推理就可以了。

我们把所求的数加1。然后这个数除以2，它的余数是多少？余数

 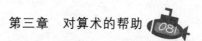

1+1=2；换句话说，这个数可以被2整除。

同样，它可以被3、4、5、6、7、8、9整除。这些数中最小的数是9×8×7×5=2520，而所求的数等于2519，验证一下也不难。

第四章
丢番图方程

买毛衣

题目

你在商店买了一件毛衣要付19卢布。但是你的纸币都是3卢布的，而收银员只有5卢布的纸币。只有这些钱你们能结账吗？能的话该怎么结账呢？

问题在于要弄清楚你应该给收银员多少3卢布的纸币，好让她找给你5卢布的纸币，而支付的钱刚好是19卢布。题目中的未知数有两个：x张3卢布纸币和y张5卢布纸币。但可以列出一个方程：

$3x-5y=19$。

虽然含两个未知数的方程可以有无数组解，这些解里是不是起码能找到一组正数的解，却不是一件很明显的事（别忘了这是钞票的数目）。所以代数才想出了解决类似"不定"方程式的方法。把不定方程式引入代数的功劳归于数学领域第一个欧洲的代表人物，著名的古代数学家丢番图，因此不定方程式常常被叫作"丢番图方程"。

解析

我们通过上面的例子来说明不定方程式应该怎么解。

要求出：

$$3x-5y=19,$$

方程式中x和y的值，且已知x、y是正整数。把系数小的一项，即$3x$单独放在等式一边，得到

$$3x=19+5y,$$

 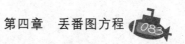

由此可得到

$$x=\frac{19+5y}{3}=6+y+\frac{1+2y}{3}。$$

因为x,6和y都是整数,所以只有当$\frac{1+2y}{3}$也是整数的时候,等式才成立。用t来表示$\frac{1+2y}{3}$,那么

$$x=6+y+t,$$

这里

$$t=\frac{1+2y}{3},$$

也就是

$$3t=1+2y,\ 2y=3t-1,$$

从后一个方程式中得到y等于:

$$y=\frac{3t-1}{2}=t+\frac{t-1}{2}。$$

因为y和t都是整数,那么$\frac{t-1}{2}$也是某个整数,用t_1表示。从而

$$y=t+t_1,$$

且

$$t_1=\frac{t-1}{2},$$

从而

$$2t_1=t-1\ 和t=2t_1+1。$$

把$t=2t_1+1$代入前面的等式:

$$y=t+t_1=(2t_1+1)+t_1=3t_1+1,$$

$$x=6+y+t=6+(3t_1+1)+(2t_1+1)=8+5t_1。$$

这样一来,我们就得出了式子[1]

$$x=8+5t_1,$$

$$y=1+3t_1。$$

---

[1] 严格地说,我们只证明了方程式$3x-5y=19$具有$x=8+5t_1$,$y=1+3t_1$的形式,这里的t_1是某一个整数。没有反证(也就是说t_1取任意整数值时,我们会得到这个方程的整数解)。但是反过来推论或者把求出的x和y的值代入最初的方程式时就很容易证实这一点)。

数字x和y，我们知道，只能是整数，而且还得是正数，即大于0。那么

$$8+5t_1>0,$$

$$1+3t_1>0。$$

从这两个不等式中我们得到：

$$5t_1>-8 \text{ 和 } t_1>-\frac{8}{5},$$

$$3t_1>-1 \text{ 和 } t_1>-\frac{1}{3}。$$

t_1的值要满足上述条件；t_1大于$-\frac{1}{3}$（也自然大于$-\frac{8}{5}$）。但是因为t_1是整数，可以得出结论，它的取值只能是：

$$t_1=0, \ 1, \ 2, \ 3, \ 4, \ \cdots\cdots$$

x和y相应的取值是：

$$x=8+5t_1=8, \ 13, \ 18, \ 23, \ \cdots\cdots$$

$$y=1+3t_1=1, \ 4, \ 7, \ 10, \ \cdots\cdots$$

现在我们就确定钱该怎么付了：

你或者付8张3卢布的纸币，收银员给你找1张5卢布的纸币：

$$8 \times 3-5=19,$$

或者付13张3卢布的纸币，收银员给你找4张5卢布的纸币：

$$13 \times 3-4 \times 5=19 \text{等等}。$$

理论上这道题可以有无数组解，实际上解的数目是有限的，因为无论是顾客还是收银员的钞票数都不是无穷的。譬如，双方都只有10张纸币，那么支付的方式就只有一种：付8张3卢布的纸币和收回1张5卢布的纸币。所以说，不定方程给出的解实际上是特定的。

回到我们这道题，请读者当作练习自己思考，在这种情况该如何付款：当顾客只有5卢布的纸币，而收银员只有3卢布的纸币。结果会得到这样的一系列解：

$$x=5, \ 8, \ 11, \ \cdots\cdots$$

$$y=2, \ 7, \ 12, \ \cdots\cdots$$

的确，

$$5 \times 5-2 \times 3=19$$

$$8 \times 5-7 \times 3=19$$

$$11 \times 5 - 12 \times 3 = 19$$

…………

只需用一点简单的代数方法，我们就可以从上一道题现成的答案中得出这些结果。因为付5卢布纸币并找回3卢布纸币就相当于"找回-5卢布纸币和付-3卢布纸币"。那么新的题目还是可以用原来那道题所列的方程式来解：

$$3x - 5y = 19,$$

但条件是x和y是负数。因此从等式

$$x = 8 + 5t_1, \quad y = 1 + 3t_1,$$

由$x < 0$，$y < 0$，得出

$$8 + 5t_1 < 0, \quad 1 + 3t_1 < 0 \text{。}$$

从而，

$$t_1 < -\frac{8}{5} \text{。}$$

$t_1 = -2$，-3，-4等等，取前面的几个值，我们得到x和y的下面这些值：

$$t_1 = -2, \quad -3, \quad -4,$$
$$x = -2, \quad -7, \quad -12,$$
$$y = -5, \quad -8, \quad -11 \text{。}$$

第一组解，$x = -2$，$y = -5$，意味着顾客"支付-2张3卢布纸币"和"收回-5张5卢布纸币"，用正常的话说，就是付5张5卢布的纸币并找回2张3卢布的纸币。其他的解可以用同样的方式来解释。

商店核查

题目

一家商店在核查账目的时候，有一笔记录被墨水溅到了，只剩下这样的痕迹：

"……毛绒布，每米49卢布36戈比，……7卢布28戈比。"

看不清上面写着卖掉的毛绒布的数量，但可以肯定的是，那不是分数；进款金额只能分辨出最后三个数字，可以断定，前面还有三个数字。核查的人员可以根据这些痕迹恢复这笔账目吗？

解析

设卖掉的毛绒布为x米。卖出的这批毛绒布的价钱用戈比表示就是

$$4936x。$$

进款金额中3个被墨水盖住的数字我们用y表示。显然它表示几千戈比（因为最后一位在十位上，1卢布=100戈比），那么所售金额总计用戈比来表示就是：

$$1000y+728。$$

得到方程式：

$$4936x=1000y+728。$$

或两边约去8，得到：

$$617x-125y=91。$$

在这个方程式中x和y都是不大于999的整数，因为它们不超过三位数字。按照之前的方法解方程：

$$125y=617x-91,$$

$$y=5x-1+\frac{34-8x}{125}=5x-1+\frac{2\times（17-4x）}{125}=5x-1+2t。$$

（这里我们取$\frac{617}{125}=5-\frac{8}{125}$，因为余数越小越方便后续计算。分数

$$\frac{2\times（17-4x）}{125}$$

是整数，因为2不能被125整除，所以$\frac{17-4x}{125}$应该是整数，我们就用t来表示它。）

然后由方程式

$$\frac{17-4x}{125}=t$$

得到：

$$17-4x=125t,\ x=4-31t+\frac{1-t}{4}=4-31t+t_1。$$

这里

$$t_1=\frac{1-t}{4},$$

从而,

$$4t_1=1-t;\ t=1-4t_1;\ x=125t_1-27,\ y=617t_1-134^{①}$$

我们知道

$$100\leqslant y<1000,$$

从而

$$100\leqslant 617t_1-134<1000,$$

解得

$$t_1\geqslant \frac{234}{617}\text{和}t_1<\frac{1134}{617}。$$

显然,t_1只有一个正整数的取值:

$$t_1=1,$$

这时

$$x=98,\ y=483,$$

也就是说卖出了98米毛绒布,进款4837卢布28戈比。账目恢复了。

买邮票

题目

用1卢布买40张邮票——邮票的面值有1戈比的、4戈比的和12戈比的。每种面值的邮票各买多少张?

---

① 注意,这里我们将系数t_1代回到原始的等式$617x-125y=91$中,得到y和t_1的关系。这样使计算更简便。

解析

这时我们可以设3个未知数，列两个方程：

$$x+4y+12z=100,$$

$$x+y+z=40,$$

这里的x是面值1戈比的邮票数量，y是面值4戈比的邮票数量，z是面值12戈比的邮票数量。

第一个方程减去第二个方程，得到一个带两个未知数的方程式：

$$3y+11z=60.$$

得到y：

$$y=20-11 \times \frac{z}{3}。$$

显然$\frac{z}{3}$是整数。用t来表示它。得到：

$$y=20-11t,$$

$$z=3t。$$

把式子代入最初的第二个方程式中：

$$x+20-11t+3t=40；$$

得到：

$$x=20+8t。$$

因为$x \geq 0$，$y \geq 0$，$z \geq 0$，那么就确定t的取值范围：

$$0 \leq t \leq 1\frac{9}{11},$$

由此得出结论，t的取值只有两种可能性：$t=0$和$t=1$。

x、y和z相应的取值是：

$t=0$	1	
$x=20$	28	
$y=20$	9	
$z=0$	3	

验算一下：

$$20 \times 1+20 \times 4+0 \times 12=100$$

$$28 \times 1+9 \times 4+3 \times 12=100$$

这样一来，购买邮票就有两种方式了（如果要求每种面值的邮票至少买一张，就只有一种购买方式了）。

下面的一道题，也是这种类型。

买水果

题目

用5卢布买了100个三种水果。它们的价格如下：

西瓜..................每个50戈比

苹果..................每个10戈比

李子..................每个1戈比

每种水果各买了多少个？

解析

分别用x，y，z来表示西瓜、苹果和李子的数量，列出两个方程式：

$$\begin{cases} 50x+10y+z=500 \\ x+y+z=100 \end{cases}$$

第一个方程式减去第二个，得到一个带两个未知数的方程式：

$$49x+9y=400。$$

接下来的解题步骤是：

$$y=\frac{400-49x}{9}=44-5x+\frac{4\times(1-x)}{9}=44-5x+4t。$$

$$t=\frac{1-x}{9}，x=1-9t，$$

$$y=44-5(1-9t)+4t=39+49t。$$

由不等式

$$1-9t\geq0和39+49t\geq0，$$

得出，

$$\frac{1}{9} \geq t \geq -\frac{39}{49},$$

从而，

$$t=0。所以以x=1，y=39。$$

把x和y的值代入第二个方程式，得$z=60$。

图12

这么说，买了1个西瓜，39个苹果和60个李子。

不可能有其他的组合了。

猜生日

题目

能熟练解不定方程式后，可以试试表演下面这个数学的把戏。

让你的一个朋友把他出生的日子乘以12，月份乘以31。然后把两个乘积相加的和告诉你，而你根据这个和算出他的生日。

例如，你朋友的生日是2月9日，那么他会进行下面这些计算：

$$9 \times 12=108，2 \times 31=62，$$

$$108+62=170。$$

他告诉你最后的数字170，你要怎么确定他的生日呢？

解析

任务就是要解不定方程式

 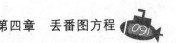

$$12x+31y=170,$$

它的解是正整数，且日期x不大于31，月份y不大于12。

$$x=\frac{170-31y}{12}=14-3y+\frac{2+5y}{12}=14-3y+t,$$
$$2+5y=12t,$$
$$y=\frac{-2+12t}{5}=2t-2\times\frac{1-t}{5}=2t-2t_1,$$
$$\frac{1-t}{5}=t_1,\quad t=1-5t_1,$$
$$y=2(1-5t_1)-2t_1=2-12t_1,$$
$$x=14-3(2-12t_1)+1-5t_1=9+31t_1。$$

已知$31\geqslant x>0$和$12\geqslant y>0$就能确定t_1的取值范围：

$$-\frac{9}{31}<t_1<\frac{1}{6}。$$

从而

$$t_1=0,\quad x=9,\quad y=2。$$

生日是2月9日。

还有别的解题方法，不用列方程。我们得知$a=12x+31y$。因为$12x+24y$可以被12整除，那么$7y$和a除以12的余数相同。两个数都乘以7后，$49y$和$7a$除以12的余数依然相同。但$49y=48y+y$，而$48y$可以被12整除。这意味着，y和$7a$除以12的余数相同。换句话说，如果a不能被12整除，那么y就等于$7a$除以12的余数；如果a可以被12整除，那么$y=12$。这样的话y的值（月份）就可以确定了。知道了y是多少，自然就可以得出x了。

小小的建议：在算$7a$除以12的余数的时候，把$7a$直接替换成它除以12的余数，这样算起来会方便些。例如，$a=170$，那么你就做下面的口算：

$170=12\times14+2$（余数是2）；

$2\times7=14$；$14=12\times1+2$（也就是说$y=2$）；

$$x=\frac{170-31y}{12}=\frac{170-31\times2}{12}=\frac{108}{12}=9$$（也就是说$x=9$）。

现在你可以对你的朋友说出他的生日了：2月9日。

我们来证明一下，这个小把戏总不会失灵，也就是说，总是只有一个正整数解。用a来表示你朋友告诉你的那个数，所以要求出他的生日只要解方程

$$12x+31y=a。$$

我们用"反证法"来证明。假设这个方程式有两个不同的正整数解，解x_1、y_1和解x_2、y_2且x_1和x_2均不大于31，y_1和y_2均不大于12。我们得到：

$$12x_1+31y_1=a,$$

$$12x_2+31y_2=a。$$

两个方程式相减，得到

$$12（x_1-x_2）+31（y_1-y_2）=0。$$

由这个方程式可知$12（x_1-x_2）$可以被31整除。因为x_1和x_2都是不大于31的正数，那么它们的差x_1-x_2的值也不大于31。所以$12（x_1-x_2）$这个数只有当$x_1=x_2$的时候，也就是说第一个解与第二个解相同的时候，才能被31整除。这样的话，就与我们假设有两个不同的解相矛盾了。

卖母鸡

一道古老的数学题

三姐妹到市场卖母鸡。第一个人带来了10只母鸡，第二个人带来了16只母鸡，第三个人带来了26只母鸡。上午她们以同样的价钱各自卖掉了一部分母鸡。下午她们担心母鸡卖不完，所以就把价格降低了，卖掉了剩下的母鸡。回家的时候她们各自带回的钱一样多：每个人都卖得35卢布。

上午和下午她们是按什么价格卖母鸡的?

解析

分别用x、y和z来表示每个人上午卖掉的母鸡数量。下午她们卖掉$10-x$、$16-y$、$26-z$只母鸡。上午的价格用m来表示，下午的价格用n来表示。为了看起来清楚些，我们把它们汇列成下面这个表：

卖掉母鸡的数量			价格
上午…… x	y	z	m
下午…… $10-x$	$16-y$	$26-z$	n

第一个人卖得

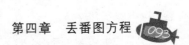

$mx+n（10-x）$；从而$mx+n（10-x）=35$；

第二个人卖得

$my+n（16-y）$；从而$my+n（16-y）=35$；

第三个人卖得

$mz+n（26-z）$；从而$mz+n（26-z）=35$；

这些方程式变形后得：

$$\begin{cases}（m-n）x+10n=35,\\（m-n）y+16n=35,\\（m-n）z+26n=35。\end{cases}$$

第三个方程式分别减去第一个方程式和第二个方程式：

$$\begin{cases}（m-n）（z-x）+16n=0,\\（m-n）（z-y）+10n=0,\end{cases}$$

或者

$$\begin{cases}（m-n）（x-z）=16n,\\（m-n）（y-z）=10n,\end{cases}$$

上面的第一个方程式除以第二个方程式：

$$\frac{x-z}{y-z}=\frac{8}{5}，\text{或者}\frac{x-z}{8}=\frac{y-z}{5}。$$

因为x、y和z都是整数，那么$x-z$，$y-z$也是整数。因此只有当$x-z$能被8整除，而$y-z$能被5整除，等式

$$\frac{x-z}{8}=\frac{y-z}{5}$$

才成立。因此

$$\frac{x-z}{8}=t=\frac{y-z}{5}。$$

由该式得

$$x=z+8t,\ y=z+5t。$$

要指出的是，t这个数只能是正整数（因为$x>z$，否则第一个人卖得的钱不可能跟第三个人一样多）。

因为$x<10$，那么

$$z+8t<10。$$

只有一种情况既满足z和t是正整数，又满足这个不等式：当$z=1$且$t=1$时。把这两个值代入方程式

$$x=z+8t和y=z+5t。$$

解得：

$$x=9，y=6。$$

现在回到方程式

$$mx+n（10-x）=35；$$
$$my+n（16-y）=35；$$
$$mz+n（26-z）=35；$$

把求得的x、y和z的值代入，我们就知道母鸡的价格了：

$$m=3\frac{3}{4}卢布，n=1\frac{1}{4}卢布。$$

所以上午每只母鸡卖3卢布75戈比，下午每只母鸡卖1卢布25戈比。

两个数四次运算

题目

上一道题涉及三个方程式和五个未知数，我们不是按照常规的方法来解的，而是依靠灵活的数学推理。我们要用同样的方法来解下面这些涉及二次不定方程的题目。

这是第一道题目。

对两个正整数进行下面四次运算：

（1）把它们相加；

（2）大的那个数减去小的那个数；

（3）两个数相乘；

（4）大的那个数除以小的那个数。

各次运算得到的结果相加，得到的和是243。求这两个正整数是多少？

解析

假设大的那个数是x，小的那个数是y，那么

$$(x+y)+(x-y)+xy+\frac{x}{y}=243。$$

如果方程式乘以y，去括号、合并同类项后，得到：

$$x(2y+y^2+1)=243y。$$

但是

$$2y+y^2+1=(y+1)^2。$$

所以

$$x=\frac{243y}{(y+1)^2}。$$

要确保x是整数，分母$(y+1)^2$应该是分子243的一个约数（因为y与$y+1$不可能有相同的因数）。因为$243=3^5$，可以断定243只能被以下这些数整除，它们都是完全平方数：1，3^2，9^2。那么，$(y+1)^2$应该等于1或3^2或9^2。（别忘了y应该是正数），得y等于8或2。

那么x等于

$$\frac{243\times8}{81}或\frac{243\times2}{9}。$$

这么一来，所求的数就是24和8或者54和2。

一个什么样的矩形

题目

矩形的长和宽都是整数。它们的长度应该是多少时，才能使矩形的周长等于它的面积?

解析

用x和y来表示矩形的长和宽，列出方程式

$$2x+2y = xy,$$

由方程式得

$$x=\frac{2y}{y-2}。$$

因为x和y都是正数，那么y−2也应该是正数，也就是说y应该大于2。

现在要指出

$$x = \frac{2y}{y-2} = \frac{2(y-2)+4}{y-2} = 2+\frac{4}{y-2}。$$

因为x应该是整数，那么式子$\frac{4}{y-2}$也应该是整数。但在y>2的前提下，如果取y值3、4或6，x相应取值为6、4或3。

所以，所求的矩形是边长为3和6的长方形，或者边长为4的正方形。

两个两位数

题目

46和96这两个数具有一个有趣的特点：如果把它们各自内部的数字的位置对调，它们的乘积不变。

确实，

$$46 \times 96=4416=64 \times 69。$$

还有没有其他的具有同样特点的一对两位数？怎么找出它们呢？

解析

用x和y、z和t来表示所求的数各位上的数字。列出方程式

$$(10x+y)(10z+t) = (10y+x)(10t+z)。$$

去括号、化简后得到：

$$xz=yt,$$

这里的x、y、z、t都是小于10的整数。为了找出解，从9个数字中列出

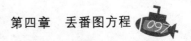

所有乘积相同的组合：

$$1 \times 4 = 2 \times 2 \quad 2 \times 8 = 4 \times 4$$
$$1 \times 6 = 2 \times 3 \quad 2 \times 9 = 3 \times 6$$
$$1 \times 8 = 2 \times 4 \quad 3 \times 8 = 4 \times 6$$
$$1 \times 9 = 3 \times 3 \quad 4 \times 9 = 6 \times 6$$
$$2 \times 6 = 3 \times 4$$

一共有9组。每组有一对或者两对数字能够满足条件。例如，从等式
$1 \times 4 = 2 \times 2$得出一个解：

$$12 \times 42 = 21 \times 24。$$

从等式$1 \times 6 = 2 \times 3$中得出两个解：

$$12 \times 63 = 21 \times 36，\quad 13 \times 62 = 31 \times 26，$$

这样我们找到了下面14个解：

$$12 \times 42 = 21 \times 24 \quad 23 \times 96 = 32 \times 69$$
$$12 \times 63 = 21 \times 36 \quad 24 \times 63 = 42 \times 36$$
$$12 \times 84 = 21 \times 48 \quad 24 \times 84 = 42 \times 48$$
$$13 \times 62 = 31 \times 26 \quad 26 \times 93 = 62 \times 39$$
$$13 \times 93 = 31 \times 39 \quad 34 \times 86 = 43 \times 68$$
$$14 \times 82 = 41 \times 28 \quad 36 \times 84 = 63 \times 48$$
$$23 \times 64 = 32 \times 46 \quad 46 \times 96 = 64 \times 69$$

毕达哥拉斯数（勾股弦数）

　　土地测量员实地标定垂直线时，采用的是下面
这个既方便又精准的方法。假设需要通过A点做直线
MN的垂直线（图13）。先沿AM方向量取三倍的某
段距离a。然后在一条绳子上打三个结，结之间的距
离是$4a$和$5a$。把位于端点处的两个结分别按在A点和
B点，拉出中间的结绷直绳子。绳子就会形成一个以

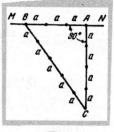

图13

角A为直角的三角形。

这个古老的方法，几千年前埃及金字塔的建筑工人就已经在使用，它的依据是任何一个各边长的比例为3:4:5的三角形，根据毕达哥拉斯定理（勾股定理），都是直角三角形，因为

$$3^2+4^2=5^2。$$

大家都知道，除了3、4、5，还有无数的正整数a、b、c满足关系式

$$a^2+b^2=c^2。$$

这样的数就叫作毕达哥拉斯数。根据毕达哥拉斯定理（勾股定理）这些数可以是直角三角形各边的边长，因此a和b叫作直角边（勾和股），而c叫作斜边（弦）。

显然，如果a、b、c是一组勾股弦数，那么pa、pb、pc也是勾股弦数，这里的p是一个整乘数。反过来说，如果一组毕达哥拉斯数有一个公约数，那么所有的数约去这个公约数后得到的数，还是勾股弦数。所以我们一开始先研究互为质数的勾股弦数（这些数乘以一个整乘数p就可以得到剩下的勾股弦数）。

要指出的是，像a、b、c这样的每一组数中其中的一条"直角边"应当是偶数，另一条是奇数。我们用"反证"的方法来论证这个说法。如果两条"直角边"a和b都是偶数，那么a^2+b^2也是偶数，"斜边"也是偶数。但这就与a、b、c互为质数的条件相矛盾了，因为三个数都是偶数的话它们就有公约数2了。这样的话，"直角边"a、b中至少有一个是奇数。

还有一种可能性：两条"直角边"都是奇数，而"斜边"是偶数。不难证明，这种情况是不可能的。实际上，假如两条"直角边"是

$$2x+1和2y+1，$$

那么它们各自的平方的和等于

$$4x^2+4x+1+4y^2+4y+1=4\left(x^2+x+y^2+y\right)+2，$$

也就是说，这是一个除以4后余2的数。然而任何一个偶数的平方都应该被4整除。这就意味着两个奇数的平方的和不可能是一个偶数的平方；换句话说，这三个数不是勾股弦数。

所以，两条"直角边"a、b中必然有一条是偶数，有一条是奇数。因为a^2+b^2是奇数，那么"斜边"c也是奇数。

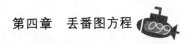

为了更明确些，假设"直角边"a是奇数，b是偶数。从等式

$$a^2+b^2=c^2$$

中很容易得出

$$a^2=c^2-b^2=(c+b)(c-b)。$$

等式右边的两个因数$c+b$和$c-b$互为质数。事实上，如果它们有一个不等于1的公约数的话，那么它们的和

$$(c+b)+(c-b)=2c，$$

还有差

$$(c+b)-(c-b)=2b，$$

以及积

$$(c+b)(c-b)=a^2，$$

三个数都应该能被这个公约数整除，也就是说$2c$，$2b$和a^2有公约数。因为a是奇数，那么公约数不是2，所以这个公约数只能是a、b、c的公约数，然而这是不可能的。这个矛盾说明了$c+b$和$c-b$互为质数。

但如果两个质数的乘积是完全平方数，那么这两个数都是完全平方数，也就是说

$$\begin{cases} c+b=m^2， \\ c-b=n^2。 \end{cases}$$

解方程组，得：

$$c=\frac{m^2+n^2}{2}，\quad b=\frac{m^2-n^2}{2}，\quad a^2=(c+b)(c-b)=m^2n^2，\quad a=mn。$$

这样一来，这组勾股弦数就变成

$$a=mn，\quad b=\frac{m^2-n^2}{2}，\quad c=\frac{m^2+n^2}{2}。$$

这里的m和n是某两个互为质数的数。

读者很容易看出来：反过来，当m和n为任意奇数时，上面的公式都能给出三个勾股弦数a、b、c。

下面就是m和n取不同的值时的勾股弦数：

$$当m=3，\ n=1 \quad 3^2+4^2=5^2$$

$$当m=5，\ n=1 \quad 5^2+12^2=13^2$$

当$m=7$，$n=1$ $7^2+24^2=25^2$

当$m=9$，$n=1$ $9^2+40^2=41^2$

当$m=11$，$n=1$ $11^2+60^2=61^2$

当$m=13$，$n=1$ $13^2+84^2=85^2$

当$m=5$，$n=3$ $15^2+8^2=17^2$

当$m=7$，$n=3$ $21^2+20^2=29^2$

当$m=11$，$n=3$ $33^2+56^2=65^2$

当$m=13$，$n=3$ $39^2+80^2=89^2$

当$m=7$，$n=5$ $35^2+12^2=37^2$

当$m=9$，$n=5$ $45^2+28^2=53^2$

当$m=11$，$n=5$ $55^2+48^2=73^2$

当$m=13$，$n=5$ $65^2+72^2=97^2$

当$m=9$，$n=7$ $63^2+16^2=65^2$

当$m=11$，$n=7$ $77^2+36^2=85^2$。

（其他的勾股弦数要么有公约数，要么含比100大的数。）

勾股弦数具有一系列有趣的特征，下面我们就列举了几条，但证明省略了：

（1）其中一条"直角边"是3的倍数

（2）其中一条"直角边"是4的倍数。

（3）三个数中有一个数是5的倍数。

读者可以通过查看上面列举的各组勾股弦数来验证这些特点。

三次不定方程式

三个数的立方的和可以等于第四个数的立方。比如，$3^3+4^3+5^3=6^3$。

顺便提一下，这表示侧面边长为6厘米的正方体的体积等于三个侧面边长分别为3厘米、4厘米、5厘米的正方体体积的总和（图14），传说柏拉图对这个关系式非常感兴趣。

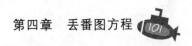

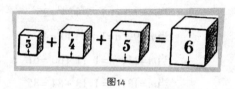

图14

　　我们来尝试找出其他类似的关系式，也就是说提出这样一个问题：找出方程式

$$x^3+y^3+z^3=u^3$$

的解。为了更方便用$-t$来表示u。这样方程式看起来就要简单些

$$x^3+y^3+z^3+t^3=0。$$

　　让我们来看看能够求出这个方程式无数个（正和负）整数解的方法。假设a、b、c、d和α、β、γ、δ这两组由4个数组成，满足方程式。第一组数加上乘了一个系数k的第二组数，我们尝试确定k的值，使得到的数同样满足原来的方程式

$$a+k\alpha，b+k\beta，c+k\gamma，d+k\delta。$$

换句话说，选取一个k值，使得等式

$$(a+k\alpha)^3+(b+k\beta)^3+(c+k\gamma)^3+(d+k\delta)^3=0$$

成立。去括号，并且a、b、c、d和α、β、γ、δ这两组数也是满足我们的方程式的，也就是说

$$\alpha^3+\beta^3+\gamma^3+\delta^3=0，a^3+b^3+c^3+d^3=0，$$

我们得到

$$3a^2k\alpha+3ak^2\alpha^2+3b^2k\beta+3bk^2\beta^2+3c^2k\gamma+3ck^2\gamma^2+3d^2k\delta+3dk^2\delta^2=0$$

或者

$$3k〔(a^2\alpha+b^2\beta+c^2\gamma+d^2\delta)+k(a\alpha^2+b\beta^2+c\gamma^2+d\delta^2)〕=0。$$

至少一个因数为零，两个因数的乘积才为零。使两个因数都等于零，我们得到两个k的值。第一个值$k=0$，对我们来说没有意义：它表示如果a、b、c、d不加任何数即满足我们的方程式。所以我们只取k的第二个值。

$$k=-\frac{a^2\alpha+b^2\beta+c^2\gamma+d^2\delta}{a\alpha^2+b\beta^2+c\gamma^2+d\delta^2}。$$

这么一来，知道两组满足方程式的数后，要找出新的一组满足方程式的数，需要第一组数加上k乘以第二组数，上面的式子就是k的值。

要使用这个方法，首先要知道满足方程式的两组数。其中一组（3、4、5、-6）我们已经知道了。到哪里再找出一组呢？办法很简单，第二组数用（r、$-r$、s、$-s$）就可以了，它们明显满足原来的方程式。换句话说

$$a=3,\ b=4,\ c=5,\ d=-6,$$

$$\alpha=r,\ \beta=-r,\ \gamma=s,\ \delta=-s,$$

那么我们容易看出来，下面就是k的值：

$$k=\frac{-7r-11s}{-7r^2-s^2}=\frac{7r+11s}{7r^2-s^2},$$

相应地，$a+k\alpha$，$b+k\beta$，$c+k\gamma$，$d+k\delta$等于

$$\frac{28r^2+11rs-3s^2}{7r^2-s^2},\ \frac{21r^2-11rs-4s^2}{7r^2-s^2},\ \frac{35r^2+7rs+6s^2}{7r^2-s^2},\ \frac{-42r^2-7rs-5s^2}{7r^2-s^2}$$

根据上面的推论，这些数满足方程式

$$x^3+y^3+z^3+t^3=0。$$

因为这些式子的分母相同，那么可以把分母消去（也就是说这些分数的分子也满足这个方程式）。这么说，下面这些数（在任意r和s的条件下）满足上面的方程式：

$$x=28r^2+11rs-3s^2,$$

$$y=21r^2-11rs-4s^2,$$

$$z=35r^2+7rs+6s^2,$$

$$t=-42r^2-7rs-5s^2,$$

当然，可以把这些式子的立方相加，直接验证是否正确。赋予r和s不同的值，我们会得到这个方程式一系列的解。如果这样得出的数有公约数，就把它约掉。比如，当$r=1$，$s=1$时，我们得到的x，y，z，t的值是：36，6，48，-54，或者约去6，得到的值是6，1，8，-9。这么一来，

$$6^3+1^3+8^3=9^3。$$

还有许多这样的（约去公约数后的）等式：

当$r=1$，$s=2$　　$38^3+73^3=17^3+76^3$，

当$r=1$，$s=3$　　$17^3+55^3=24^3+54^3$，

当$r=1$，$s=5$　　$4^3+110^3=67^3+101^3$，

当$r=1$，$s=4$　　$8^3+53^3=29^3+50^3$，

当$r=1$，$s=-1$　　$7^3+14^3+17^3=20^3$，

当$r=1$，$s=-2$　　$2^3+16^3=9^3+15^3$，

当$r=2$，$s=-1$　　$29^3+34^3+44^3=53^3$。

…………

需要指出的是，如果把原来那组数3，4，5，−6或者后来重新求出的其中一组数中的数字的位置调换一下，再重复同样的方法，就会得到新的一系列解。拿3、5、4、−6为例（也就是写成$a=3$，$b=5$，$c=4$，$d=-6$），我们得到的x、y、z、t的值是：

$$x=20r^2+10rs-3s^2,$$

$$y=12r^2-10rs-5s^2,$$

$$z=16r^2+8rs+6s^2,$$

$$t=-24r^2-8rs-4s^2,$$

从这里，取不同的r和s的值，我们得到一系列新的等式：

$$r=1，s=1，9^3+10^3=1^3+12^3,$$

$$r=1，s=3，23^3+94^3=63^3+84^3,$$

$$r=1，s=5，5^3+163^3+164^3=206^3,$$

$$r=1，s=6，7^3+54^3+57^3=70^3,$$

$$r=2，s=1，23^3+97^3+86^3=116^3,$$

$$r=1，s=-3，3^3+36^3+37^3=46^3,$$

等等。

用这个方法可以求出这个不定方程式的无数个解。

十万马克悬赏求证

一道关于不定方程式的题目非常有名：为了求得这道题的正解，还悬赏十万德国马克！

题目是要证明下面这个费马大定理，或者叫"费马猜想"的命题：两个相同次幂的数的和不可能等于第三个相同次幂的数。对于二次幂是可能的，二次幂的情况是例外。

换句话说，要证明方程式

$$x^n+y^n=z^n$$

当$n>2$时没有整数解。

我们解释一下上面所说的。我们看到这两个方程式

$$x^2+y^2=z^2$$

$$x^3+y^3+z^3=t^3$$

有无数个正整数解。但是如果你试图找出满足等式$x^3+y^3=z^3$的三个正整数的话，就会发现各种尝试都是徒劳。

对于四次幂、五次幂、六次幂等等结果也都是一样的。伟大的"费马猜想"就是这么断言的。参加悬赏的人要做的是什么呢？他们得针对二次幂以上的情况证明这个定理。因为费马定理还没有得到证明，或者说悬而未决。

自费马定理提出来到如今已经过了三百年，数学家们依然没能找到证明的方法。

许多伟大的数学家为这道题费尽了心思，但最了不起也只是针对某个特定的指数或者某一组指数证明了定理，然而需要的是针对所有的整数次幂总体证实定理。

了不起的是，费马定理难以捉摸的证明方法曾经被找到过，可惜后来这个方法遗失了。这个定理的作者，十七世纪的天才数学家费马[①]曾说过他知道如何证明这个定理。他在读丢番图的著作时，把自己"伟大的猜想"作为笔记写在了书的空白处，接着还这样写道：

"我的确发现了一种奇妙的方法来证明这个猜想，可惜这里位置太小，写不下。"

可是无论是从费马的手稿中，还是从他的信函中都没能找到这个证法的痕迹。

费马的后继者们只能指望自己来寻求答案了。这就是他们努力的成

[①] 费马（1601-1665）不是职业数学家。他学的是法律，是一名参议院顾问，他只是在业余研究数学。但这并不妨碍他做出一系列极其重大的数学发现，他没有正式发表这些发现，而是按照当时的风气，写在了与自己的学者朋友的信函中：帕斯卡、笛卡儿、惠更斯等等。

果：欧拉（1797年）证明了费马定理的三次方和四次方；勒让德（1823年）证明了它的五次方[①]，拉梅和勒贝格（1840年）证明了它的七次方。1849年库莫尔证明了它的一大组指数，确切地说，是小于100的指数。这些最新的成果远远超出了费马所知道的数学的领域，于是对于他是如何找到"伟大猜想"的总体证法的，变得愈加神秘。然而也有可能是他错了。

对费马定理的历史和现代研究状况感兴趣的朋友可以参看辛钦的《费马大定理》。读者只要具备最基本的数学常识就可以读懂这本专家编写的小册子。

---

① 对于合数质数（4除外）的情况不用特别加以证明，这些情况可以化作质数指数。

第五章
第六则运算

第六则运算

加法和乘法都各有一种逆运算，它们叫减法和除法。第六则运算——乘方——有两种逆运算，求底数和求指数。求底数就是第六则运算，也叫开方。求指数是第七则运算，叫作对数运算。乘方有两种逆运算，而加法和乘法各只有一种逆运算，原因不难理解：两个加数（第一个和第二个）是平等的，它们的位置可以对调；乘法也一样；但是乘方中的数字，底数和指数就不一样了；通常不可以调换它们的位置（例如，$3^5 \neq 5^3$）。所以求加法和乘法中的任何一个数时，用的方法是一样的，但求底数和指数就要用不同的方法了。

第六则运算，开方用符号 $\sqrt{}$ 表示。并不是所有人都知道，这个符号是拉丁字母r的变形，r是拉丁文"根"这个单词的首字母。曾经（十六世纪）要表示怎么开方时，根号还不是用小写的r，而是用字母R表示，旁边还有一个拉丁单词"平方"的首字母（q）或者"立方"的首字母（c）。例如，当时写成

$$R.q.4352,$$

而现在的写法是

$$\sqrt{4352}。$$

说起来，那个年代还没有统一使用现在的加减号，它们用字母p和m来表示，我们现在用的括号当时还是用|_ _|表示，可以明白，用现代的眼光来看以前的数学表达方式会多么不适应。

下面这个例子就摘自古代数学家邦别利（1572年）的书：

$$R.c.|\_R.q.4352p.\ 16\_|m.R.c.|\_R.q.4352m.\ 16\_|,$$

同样的内容我们会用不一样的符号表示：

$$\sqrt[3]{\sqrt{4352+16}}-\sqrt[3]{\sqrt{4352-16}}。$$

现在同样的运算除了可以用 $\sqrt[n]{a}$ 这个符号表示，还可以用另一个符号，$a^{\frac{1}{n}}$，这样概括起来非常方便：它表明方根其实就是乘方，只是它的指数是分数而已。这是由十六世纪荷兰杰出的数学家斯蒂文提出来的。

哪个更大？

题目1

$\sqrt[5]{5}$ 和 $\sqrt{2}$ 哪一个更大？

这道题和后面的题都不用计算出方根的值就可以解决。

解析

两个式子都十次方，得到：

$$(\sqrt[5]{5})^{10}=5^2=25,\quad(\sqrt{2})^{10}=2^5=32;$$

因为32>25，所以

$$\sqrt{2}>\sqrt[5]{5}。$$

题目2

$\sqrt[4]{4}$ 和 $\sqrt[7]{7}$ 哪一个更大？

解析

两个式子都二十八次方，得到：

$$(\sqrt[4]{4})^{28}=4^7=2^{14}=2^7\times2^7=128^2,$$

$$\left(\sqrt[7]{7}\right)^{28}=7^4=7^2\times7^2=49^2$$

因为128>49。所以

$$\sqrt[4]{4}>\sqrt[7]{7}。$$

题目3

$\sqrt{7}+\sqrt{10}$ 和 $\sqrt{3}+\sqrt{19}$ 哪一个更大?

解析

两个式子同时平方，得到：

$$\left(\sqrt{7}+\sqrt{10}\right)^2=17+2\sqrt{70},$$

$$\left(\sqrt{3}+\sqrt{19}\right)^2=22+2\sqrt{57}。$$

两个式子都减去17；得到

$$2\sqrt{70}\text{ 和 }5+2\sqrt{57}。$$

上面的式子再同时平方。得到：

$$280\text{ 和 }253+20\sqrt{57}。$$

同时减去253，比较

$$27\text{ 和 }20\sqrt{57}。$$

因为 $\sqrt{57}$ 大于2，所以 $20\sqrt{57}>40$；从而

$$\sqrt{3}+\sqrt{19}>\sqrt{7}+\sqrt{10}。$$

一眼解题

题目

请仔细看方程式

$$x^{x^3}=3$$

并说出x等于多少?

解析

熟练掌握代数的人都会想

$$x=\sqrt[3]{3},$$

那么实际上

$$x^3=(\sqrt[3]{3})^3=3$$

从而,

$$x^{x^3}=x^3=3,$$

就是所求的。

要"一眼看出答案"并不容易,但可以用下面的方法让求未知数的过程变得更简便。

假设

$$x^3=y。$$

那么

$$x=\sqrt[3]{y},$$

等式可变成

$$(\sqrt[3]{y})^y=3,$$

或者三次方后:

$$y^y=3^3。$$

显然,$y=3$,从而

$$x=\sqrt[3]{y}=\sqrt[3]{3}。$$

代数的喜剧

题目1

第六则运算让我们能够表演像2×2=5、2=3这样的代数恶作剧或者代数滑稽剧。这一类数学表演的幽默在于它的错误虽然低级，但也隐藏得挺好，不是一下就能察觉出来的。接下来就让我们来演两出代数的喜剧吧。

第一出：

$$2=3$$

舞台上一开始出现这个没有任何争议的等式：

$$4-10=9-15$$

接着是在等式两边同时加上$6\frac{1}{4}$：

$$4-10+6\frac{1}{4}=9-15+6\frac{1}{4}$$

喜剧的下一幕就是变形：

$$2^2-2\times2\times\frac{5}{2}+\left(\frac{5}{2}\right)^2=3^2-2\times3\times\frac{5}{2}+\left(\frac{5}{2}\right)^2,$$

$$\left(2-\frac{5}{2}\right)^2=\left(3-\frac{5}{2}\right)^2。$$

等式两边同时开平方，得到：

$$2-\frac{5}{2}=3-\frac{5}{2}。$$

两边同时加上$\frac{5}{2}$，得到这个荒谬的等式

$$2=3。$$

究竟是哪一步错了呢？

解析

错误就在下面这个结论里：从

$$\left(2-\frac{5}{2}\right)^2 = \left(3-\frac{5}{2}\right)^2,$$

认为

$$2-\frac{5}{2} = 3-\frac{5}{2}。$$

因为二次方相等并不意味着一次方就相等。正如 $(-5)^2=5^2$，但是 -5 并不等于 5。当一次方的符号不同，二次方也可以相等。在我们所举的这个例子中出现的正是这种情况：

$$\left(-\frac{1}{2}\right)^2 = \left(\frac{1}{2}\right)^2$$

可是 $-\frac{1}{2}$ 不等于 $\frac{1}{2}$。

题目2 另一出代数喜剧（图15）

$$2 \times 2 = 5。$$

以上一出喜剧为范本，所用的伎俩也是一样的。先是在舞台上出现这个没人会产生疑问的等式

$$16-36=25-45。$$

两边加上一个相同的数 $20\frac{1}{4}$，得到：

$$16-36+20\frac{1}{4}=25-45+20\frac{1}{4},$$

并进行下面的变形：

图15

$$4^2-2\times4\times\frac{9}{2}+\left(\frac{9}{2}\right)^2=5^2-2\times5\times\frac{9}{2}+\left(\frac{9}{2}\right)^2,$$

$$\left(4-\frac{9}{2}\right)^2 = \left(5-\frac{9}{2}\right)^2。$$

然后，通过不合理的推论，得到这个不合理的定论：

$$4-\frac{9}{2}=5-\frac{9}{2}$$

$$4=5$$

$$2 \times 2 = 5$$

初学数学的人要注意了，方程式两边同时开方时不注意正负号的话，可是要闹笑话的哦。

第六章
二次方程

握手

题目

参加会议的人员两两握了手，有人统计一共握了66次手，问有多少人参加会议？

解析

这道题用代数来解就非常简单。x 个与会人员，每个人都握了 $x-1$ 次手。这意味着，总共握手的次数是 $x(x-1)$；但应该考虑到的是，当甲和乙握手时，乙也握了甲的手；这两次握手应该只算一次。所以实际握手的数量应该是 $x(x-1)$ 的一半。于是得到方程式

$$\frac{x(x-1)}{2}=66,$$

经过变形，就是

$$x^2-x-132=0。$$

由此得到

$$x=\frac{1\pm\sqrt{1+528}}{2}，\quad x_1=12，\quad x_2=-11。$$

因为负数解（-11）在这里没有实际意义，我们把它舍弃，只保留第一个根：会议有12个人出席。

蜂群

题目

古印度流传着一种特别的竞技，就是解决数学难题的公开竞赛。印度的数学教材某种程度上正是充当类似的智力竞赛的参考读物。其中一本教材的编者就写道："据此规则，聪慧者举一反三。学者于民间大会上提出并解答代数题，其光芒闪耀正如日辉之遮星辰。"在原著中表述更富诗意，因为全书是以诗的形式编写的。举出书中一个翻译成白话的例子。

有一群蜜蜂，一部分落在了茉莉花丛里，它们的数量是蜂群总量一半的平方根，剩下的蜜蜂数量是蜂群的$\frac{8}{9}$。还有一只蜜蜂在莲花旁打转徘徊，它是被另一只不小心跌进了香花陷阱中的蜜蜂的叫声吸引过来的。蜂群一共有多少只蜜蜂？

解析

如果用来x表示所求的蜂群数量，那么方程列出来是：

$$\sqrt{\frac{x}{2}}+\frac{8}{9}x+2=x。$$

我们可以引入一个辅助的未知数

$$y=\sqrt{\frac{x}{2}},$$

让方程式看起来没那么复杂。于是$x=2y^2$，方程式就变成了这样：

$$y+\frac{16y^2}{9}+2=2y^2，或2y^2-9y-18=0。$$

解这个方程，得到y的两个值：

$$y_1=6，\quad y_2=-\frac{3}{2}。$$

x相应的值是：

$$x_1=72，\quad x_2=4.5。$$

因为蜜蜂的数量不可能出现半只，那么就只有第一个根满足题目要求：蜂群由72只蜜蜂组成。我们来验算一下：

$$\sqrt{\frac{72}{2}}+\frac{8}{9}\times72+2=6+64+2=72。$$

题目

另一道印度数学题我就可以用诗的形式来呈现：

> 一群猴子分两队，
>
> 自顾玩耍真欢喜。
>
> 八分之一再平方，
>
> 树林里你追我赶。
>
> 剩余十二欢声叫，
>
> 响彻清新林间空。
>
> 请你帮我算一算，
>
> 总共多少只猴子。

解析

假如猴子的总数为x，那么

$$\left(\frac{x}{8}\right)^2+12=x,$$

解得

$$x_1=48, \quad x_2=16。$$

题目有两个正整数解：猴群里可以有48只或16只猴子。两个答案都符合题目要求。

严谨的方程式

之前遇到的几个例子中，我们根据题目的条件，对方程的两个解做了不同的处理。第一次我们舍去了不符合题目内容的负根；第二次舍去负的分数根；第三次反而两个根都保留了。有时候出现两个解的情况不仅对做题的人来说是意外，出题人往往也没有预料到会有第二个解。我们这就举一个例子，例子中可以看出方程式好像比出题人还要有先见之明。

题目

把一个球以每秒25米的初始速度向上抛。几秒钟后它会达到离地面20米的地方?

解析

对于向上抛的物体,在没有空气阻力的情况下,力学中规定了下面这个物体距离地面的上升高度(h)、初始速度(v)、重力加速度(g)和时间(t)的关系式:

$$h=vt-\frac{gt^2}{2}。$$

这道题中可以忽略空气阻力,因为当速度不大时空气阻力也不大。为了方便计算g不取9.8米/秒,取10米/秒(误差仅2%)。把h、v和g的值代入上面的公式,得到方程式:

$$20=25t-\frac{10t^2}{2},$$

化简后得到:

$$t^2-5t+4=0,$$

解方程后得到:

$$t_1=1和t_2=4。$$

球会两次出现在20米处,1秒钟后和4秒钟后。

这看上去好像不大可能,如果我们没细想就打算把第二个解舍去,这样做的话就错了!第二个解是完全合理的。球确实应该两次处于20米高处:上升时一次和下降时一次。很容易算出初始速度为25米每秒的球会上升2.5秒达到31.25米高的地方。球1秒钟上升到20米的高度后继续上升1.5秒,然后1.5秒后落回到20米处,过了1秒钟,回到原来抛出的地方。

欧拉的题目

司汤达在《自传》中讲述下面关于自己求学时的故事:

"我在数学老师家找到了欧拉和他的一道题目，题目是关于农妇到市场卖的鸡蛋数目，这对我来说是一次发现。我懂得了什么叫作使用名为代数的武器。但是，见鬼，从来没人告诉过我。"

下面就是欧拉在《代数引论》中留下的关于农妇卖鸡蛋的题目。

题目

两个农妇一共带了100个鸡蛋到市场卖，其中一个人的鸡蛋比另一个的多，但两人卖掉鸡蛋获得的钱一样多。其中一个农妇对另一个说："要是我的鸡蛋有你那么多，我能卖15卢布。"另一个农妇回答说："要是我的鸡蛋有你那么多，我能卖$6\frac{2}{3}$卢布。"她们各有多少鸡蛋？

解析

假设第一个农妇有x个鸡蛋，那么第二个就有（$100-x$）个鸡蛋，如果第一个农妇有（$100-x$）个鸡蛋，我们已知她能卖得15卢布。这意味着，第一个农妇卖出的鸡蛋价格为每个

$$\frac{15}{100-x}$$

卢布。

用同样的方法可以确定第二个农妇卖出的鸡蛋价格为每个

$$6\frac{2}{3} \div x = \frac{20}{3x}$$

卢布。

现在就确定了每个农妇真实获得的钱：

第一个：$x \times \dfrac{15}{100-x} = \dfrac{15x}{100-x}$，

第二个：$(100-x) \times \dfrac{20}{3x} = \dfrac{20(100-x)}{3x}$。

因为两个人卖得的钱一样多，所以

$$\frac{15x}{100-x} = \frac{20(100-x)}{3x}。$$

变形后得到：

$$x^2+160x-8000=0,$$

从而

$$x_1=40, \quad x_2=-200。$$

负数根对于这道题没有意义；因此这道题只有一个解：第一个农妇拿了40个鸡蛋去卖，第二个60个。

这道题还可以用另一个更简单的方法来解。这个方法要机智得多，然而很难想到。

假设，第二个农妇的鸡蛋是第一个农妇的k倍。她们卖得一样多的钱；这意味着，第一个农妇鸡蛋卖出价格是第二个农妇的k倍。如果她们交换了鸡蛋，第一个农妇的鸡蛋则变成了第二个农妇的k倍，卖出价格也是第二个农妇的k倍。这意味着，它卖得的钱会是第二个的k^2倍。从而，我们有：

$$k^2=15 \div 6\frac{2}{3}=\frac{45}{20}=\frac{9}{4};$$

从而

$$k=\frac{3}{2}。$$

现在就只需把100个鸡蛋按照3：2的比例分配。很容易算出第一个农妇有40个鸡蛋，第二个农妇有60个鸡蛋。

扩音器

题目

广场上有五个扩音器，它们分成了两组：第一组两个扩音器，第二组三个扩音器。两组之间的距离是50米。在什么地方两组扩音器的声音听起来强弱都是一样的？

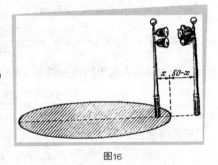

图16

解析

如果所求点和较小一组的距离是x米，那么它和较大一组的距离是（50－x）米（图16）。我们知道声音的强度与距离的平方成反比，所以有方程

$$\frac{2}{3} = \frac{x^2}{(50-x)^2},$$

化简后得到

$$x^2 + 200x - 5000 = 0,$$

解方程，得到两个根：

$$x_1 = 22.5, \quad x_2 = -222.5。$$

正根直接回答了题目中的问题：声音强度相同的点距离两个扩音器的那一组22.5米，距离三个扩音器的那一组27.5米。

那方程式的负根是什么意思呢？它有意义吗？

肯定是有意义的。负号表示声音强度相等的另外一点在与我们列方程式所取的正方向相反的方向上。

距离两个扩音器那一组222.5米外，我们会找到另外一个声音强度一样的点。这个点距离三个扩音器的那一组是222.5+50=272.5米。

这样，我们在连接两组扩音器的直线上，找到了两个声音强度一样大的点。其他的点不在这条直线上，而在这条直线以外。可以证明，满足题目要求的点，是一个以这两点为直径两端的圆周。可见这个圆周画出了一个相当大的面积（阴影部分），圆周的内部是两个扩音器的声音强度大于三个的那一组的位置，圆周外情况则相反。

飞向月球的代数

用和我们寻找两组扩音器声音强度相同的点一样的方法，可以找到两个星体，地球和月球对星际火箭引力相同的点。让我们来找出这些点吧。

根据牛顿定律，两个物体之间相互的引力与它们的质量的乘积成正

比，与它们之间距离的平方成反比。假如地球的质量为M，而火箭距离地球的距离为x，那么地球对火箭每千克质量的引力表示成

$$\frac{Mk}{x^2},$$

这里的k表示一克质量与一克质量距离1厘米之间的引力。

月亮对每千克火箭的吸引力等于

$$\frac{mk}{(l-x)^2},$$

这里的m是月球的质量，而l是它与地球之间的距离（假设火箭位于连接地球和月球中心的直线上）。题目要求

$$\frac{Mk}{x^2}=\frac{mk}{(l-x)^2}$$

或者

$$\frac{Mk}{mk}=\frac{x^2}{l^2-2lx+x^2}。$$

在天文学中已知$\frac{M}{m}$约等于81.5；代入上式得：

$$\frac{x^2}{l^2-2lx+x^2}=81.5,$$

得到：

$$80.5x^2-163lx+81.5l^2=0。$$

解方程，得到：

$$x_1=0.9l,\ \ x_2=1.12l。$$

正如扩音器那道题一样，我们得出地球和月球两点的直线上存在两个所求的点，两个火箭受到两个天体的引力相同的点；从地球那一边算起，一点在它们之间距离的0.9倍处，另一个点在它们之间距离的1.12倍处。因为地球和月球之间的距离≈384 000千米，那么其中一个所求的点在距离地球346 000千米处，另一个在距离地球430 000千米处。

但是我们知道，在以这两个点为直径两端的圆周上，其他点也具有相同的特点。如果我们把这个圆周绕着连接地球和月球之间的线旋转，那么它会划出一个球面，球面上所有的点都满足题目要求（图17）。

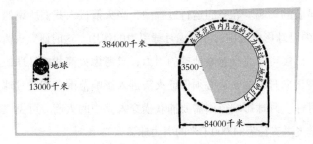

图17

这个球的直径等于

$$1.12l - 0.9l = 0.22l \approx 84000 千米。$$

在读者中有一个错误的观点，就是认为只要火箭进入月球的引力范围就可以朝着月球飞去。这个观点乍一看好像火箭只要来到引力范围内（具有不是很大的速度），那么它就不可避免地掉到月球表面上，因为这个范围内的月球引力"克服了"地球的引力。如果是这样的话，那么飞向月球的任务就好像大大减轻了，因为就不用瞄准直径在天空中只占1/2度视角的月球，而只需瞄准直径84 000千米的球体，它的视角直径足足有12度。

证明这类说法的错误并不难。

假设火箭从地球发射后，由于地球的引力，速度不断减小，当进入月球引力范围后速度变为零时，它还能到达月球上吗？这是绝对不可能的！

首先，月球引力范围内，火箭仍然受到地球引力的影响。因为在地球—月球直线之外的地方飞行，月球引力不仅仅"克服"地球引力，而是根据平行四边形法则与地球引力形成一个并不直接指向月球的合力（只有在地球—月球线上，这个合力直接指向月球中心）。

其次，也是最重要的，月球本身不是静止不动的，如果我们想知道，火箭相对月球如何运动（这与会不会向月球"坠落"密切相关），那么就得考虑火箭相对月球的速度。这个速度绝对不是零，因为月球本身就以1千米/秒的速度绕着地球转动。所以火箭相对月球的运动速度要很大，才能保证月球对火箭有足够大的引力，或者才能把它作为一颗卫星纳入自己的引力范围。

实际上只有当火箭接近月球引力范围时，月球引力才开始对火箭的运

 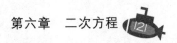

动产生显著的影响。在空间运行过程中，当火箭进入我们所说的半径为66 000千米的月球影响范围时才考虑月球引力的作用。这时研究火箭相对月球的运动，已经可以完全忽略地球的引力，只考虑火箭相对月球的速度。因此，火箭飞向月球的轨道必须保证火箭进入影响范围（相对月球）的速度正对着月球。月球影响范围需要捕获横穿入其中的火箭。可见飞向月球原来并不是飞进直径为84 000千米的引力球那么简单。

"难题"

波格丹诺夫·别利斯基的一幅名为《口算》（图18）的画很多人都见过，但是很少有人琢磨过画里出现的那道"难题"。这道题是要用口算算出下面式子的结果：

$$\frac{10^2+11^2+12^2+13^2+14^2}{365},$$

这道题实际上不简单。但是有一位老师的学生们能很好地应付它。这位老师就是这张画里所画的，叫拉金斯基，是一位自然科学教授，他放弃了大学教席来到乡村学校里当一名普通的教师。这位有才能的老师在学校学过口算，能够熟练并巧妙运用数字的特

图18

征来进行口算。10、11、12、13、14这几个数字有一个有意思的特点：

$$10^2+11^2+12^2=13^2+14^2。$$

因为100+121+144=365，那么很容易就能口算出画里的式子等于2。

代数使我们可以对数列这个有趣的特征提出一个更宽泛的问题：五个相连的数，前三个数的平方的和等于后两个数的平方的和，这样的五个数是唯一的吗？

解析

用 x 表示所求的数中的第一个数，得到方程式

$$x^2 + (x+1)^2 + (x+2)^2 = (x+3)^2 + (x+4)^2。$$

但是，如果用 x 表示第二个数，而不是第一个数。那样的话方程式看起来会更简单：

$$(x-1)^2 + x^2 + (x+1)^2 = (x+2)^2 + (x+3)^2。$$

去括号并化简，得到：

$$x^2 - 10x - 11 = 0，$$

求得

$$x = 5 \pm \sqrt{25+11}，\quad x_1 = 11，\quad x_2 = -1。$$

就是有两组具有所需特征的数列，拉金斯基的那组是：

$$10,\ 11,\ 12,\ 13,\ 14$$

另一组是

$$-2,\ -1,\ 0,\ 1,\ 2。$$

事实上，

$$(-2)^2 + (-1)^2 + 0^2 = 1^2 + 2^2。$$

什么数？

题目

找出三个相邻的数字，它们中间的那个数的平方比其余两个数的乘积大1。

解析

如果所求的数中第一个数是 x，那么方程式为

$$(x+1)^2 = x(x+2) + 1，$$

去括号，得到等式

$$x^2+2x+1=x^2+2x+1,$$

这表明我们列出的等式就是一个恒等式；它对它所含的字母的任何值都成立，而不是像方程式那样只对某些特定的值成立。这意味着，任何三个相邻的数字都具有这个特征。事实上，任意取三个数17，18，19，我们确信

$$18^2-17 \times 19=324-323=1。$$

如果用x表示第二个数，这个关系式的必然性就更明显了。我们就能得到等式：

$$x^2-1=（x+1）（x-1）。$$

也就是说，这显然是一个恒等式。

第七章
最大值和最小值

　　这一章里的题非常有趣，都是关于求某个量的最大值或最小值的。解这类题目可以用不同的方法，接下来我们介绍其中的一种。

　　俄罗斯数学家切比雪夫在自己的著作《地图绘制》中写道，科学方法具有的重大意义，就是能够提供解决整个人类活动普遍问题的方法：如何利用自己已有的资源实现利益最大化。

两列火车

题目

　　两条铁路相互垂直交叉，在这两条铁路上有两列火车同时向着交叉点开来：一列从距离道岔40千米远的车站出发，另一列从距离道岔50千米远的车站出发。第一列每分钟走800米，另一列每分钟走600米。

　　从火车出发算起，经过多少分钟两列火车之间的相对距离最短？距离有多大？

解析

　　我们画出这道题火车运行的草图。假设直线AB和CD是交叉的铁路（图19）。车站B位于距离交叉点O40千米的地方，车站D位于距离交叉点O50千米的地方。假设x分钟后两列火车之间的最短距离$MN=m$。

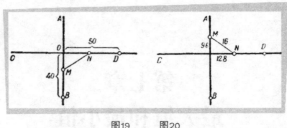

图19　　图20

这时，从B出发的火车所走的路程是$BM=0.8x$千米，因为它一分钟走800米$=0.8$千米。因此，$OM=40-0.8x$。同样的方法我们得出$ON=50-0.6x$。根据勾股定理

$$MN=m=\sqrt{OM^2+ON^2}=\sqrt{(40-0.8x)^2+(50-0.6x)^2}。$$

方程两边同时平方

$$m^2=(40-0.8x)^2+(50-0.6x)^2$$

化简后得到：

$$x^2-124x+4100-m^2=0，$$

解这个方程，得到：

$$x=62\pm\sqrt{m^2-256}。$$

因为是经过的时间，不可能是负数，那么m^2-256的值应该是正数，或者至少等于零。后一种情况符合m值最小，那么在$m^2=256$，即$m=16$的时候，m取得最小的数值。

显然，m不可以小于16，否则x就成了虚数。而当$m^2-256=0$，那么$x=62$。

这样，两列火车最接近的时候是在62分钟后，这时它们的距离是16千米。

我们来确定一下火车的位置，算出OM的长度，它等于

$$40-62\times0.8=-9.6。$$

这个负号表示火车开过了交叉点9.6千米。同样可以算出距离ON等于

$$50-62\times0.6=12.8。$$

就是说第二列火车还没开到交叉点，距离交叉点还有12.8千米。火车的位置在图20上表示出来。看来并不是我们解题前所预料的位置。方程式原来十分宽容，即使我们的图没有画对，它也给出正确的答案。不难理解，

之所以这么宽容，是得益于正负号的代数规则。

小·车站该设在哪儿?

题目

在一段笔直的铁路线的一边，距离铁路20千米处有一个村庄B（图21）。

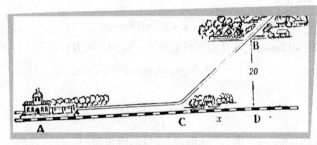

图21

现在需要设一个小车站C，使铁路AC加上公路CB，即A到B的行程所花费的时间最短。已知沿铁路每分钟走0.8千米，沿公路每分钟走0.2千米。小车站C应该设在哪里？

解析

假设a（从A到BD的垂足D之间的距离）表示AD，x表示距离CD。那么AC=AD−CD=a−x，而$CB=\sqrt{CD^2+BD^2}=\sqrt{x^2+20^2}$，火车走过AC这段路程所需的时间等于

$$\frac{AC}{0.8}=\frac{a-x}{0.8}。$$

走公路CB这段路程所需的时间等于

$$\frac{CB}{0.2}=\frac{\sqrt{x^2+20^2}}{0.2}。$$

从A到B全路程所需的总时间等于

$$\frac{a-x}{0.8}+\frac{\sqrt{x^2+20^2}}{0.2}。$$

它们的和我们用m表示，要使得值最小。

方程式

$$\frac{a-x}{0.8}+\frac{\sqrt{x^2+20^2}}{0.2}=m$$

改写成这样的形式：

$$-\frac{x}{0.8}+\frac{\sqrt{x^2+20^2}}{0.2}=m-\frac{a}{0.8}。$$

两边同时乘以0.8，得：

$$-x+4\sqrt{x^2+20^2}=0.8m-a。$$

用k表示0.8m−a，并且去方程里根号，得到二次方程式

$$15x^2-2kx+6400-k^2=0$$

求得：

$$x=\frac{k\pm\sqrt{16k^2-96000}}{15}$$

因为k=0.8m−a，那么当m值最小时k的值也最小，反之亦然[1]。但为了保证x是实数，$16k^2$不能小于96 000。也就是说$16k^2$的最小值就是96 000。因此当$16k^2$=96 000的时候，m的数值为最小，求得：

$$k=\sqrt{6000}，$$

从而

$$x=\frac{k\pm0}{15}=\frac{\sqrt{6000}}{15}\approx5.16。$$

无论a=AD的长度为多少，小车站都应该设在距离D点约5千米的地方。

但是，毫无疑问，只有当x<a时，我们的解才有意义，因为列方程时我们默认了式子a−x是正数。

如果a=x≈5.16，那就不用设小车站了；可以直接把公路引到大车站。当距离a短于5.16千米时，情况也是一样的。

这一次我们要比方程更谨慎。如果我们盲目相信方程式，那就只能把

---

①需要指出，k>0，因为$0.8m=a-x+4\sqrt{x^2+20^2}>a-x+x=a$。

小车站建到大车站后面了，这就显然很荒谬了。因为$x>a$，所以沿铁路走所用的时间$\frac{a-x}{0.8}$是负值。这样的情形使我们受到启发，它表明了在使用数学工具时对所得出的结果要谨慎，不要忘记，如果忽略我们使用的数学工具所依据的前提，这些结果可能会失去实际意义。

怎么铺设公路？

题目

要从河滨城市A运货到距离下游a千米远的地点B，B距离河岸d千米（图22）。如果河流运输的费用是公路运输的一半，求应该怎么铺设一条公路，才能使A到B间运费尽可能低？

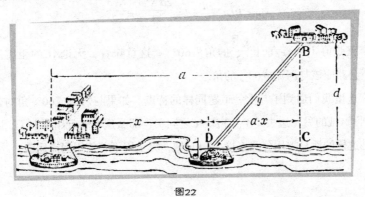

图22

解析

用x表示AD的距离，y表示DB的距离。根据题目，AC的长度等于a，BC的长度等于d。

因为公路运费是河流运费的两倍，那么根据题目要求，运费总额$x+2y$应该是最小值。用m来表示这个最小值，得到方程式

$$x+2y=m,$$

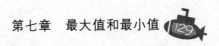

但是$x=a-DC$，而$DC=\sqrt{y^2-d^2}$；我们的方程式就变成

$$a-\sqrt{y^2-d^2}+2y=m,$$

去根号：

$$3y^2-4(m-a)y+(m-a)^2+d^2=0。$$

解方程得：

$$y=\frac{2}{3}(m-a)\pm\frac{\sqrt{(m-a)^2-3d^2}}{3}。$$

为了确保y是实数，$(m-a)^2$应不小于$3d^2$。$(m-a)^2$的最小值等于$3d^2$，那么

$$m-a=d\times\sqrt{3}，y=\frac{2(m-a)+0}{3}=\frac{2d\sqrt{3}}{3}；$$

$sin\angle BDC=d\div y$，也就是说

$$sin\angle BDC=\frac{d}{y}=d\div\frac{2d\sqrt{3}}{3}=\frac{\sqrt{3}}{2}。$$

正弦值（sin）等于$\frac{\sqrt{3}}{2}$的角为60°。这意味着，无论AC的距离是多长，公路应该与河流成60°的角。

这里我们遇到了与上一道题同样的特点。如果与河流成60°角的公路走到了A城的另一边去（A点在D和C之间），那么这个解就用不上了。因为要是这样的话只需用公路连接B点和A城，完全用不着使用河流运输。

什么时候乘积最大？

在解决许多"最值"的问题，即求一个变量的最大值和最小值时，可以使用一个我们今天将要介绍的代数定理。让我们思考下面这个问题。

题目

将一个数分成两部分，怎么分才能使这两个部分的乘积最大?

解析

设该数为a。那么a分割成的两部分可以表示为：

$$\frac{a}{2}+x \text{和} \frac{a}{2}-x;$$

这里x表示这两部分与a的一半相差的数值。两部分相乘得：

$$\left(\frac{a}{2}+x\right)\left(\frac{a}{2}-x\right)=\frac{a^2}{4}-x^2。$$

可以看出该乘积随着x的减小而增大，即随着两部分相差的数值的减小而增大。当$x=0$时，即当两部分皆等于$\frac{a}{2}$时，将得到最大值。

这么一来就应该平均分成两部分：两个数的和不变，这两个数相等时，它们的乘积最大。

同样的问题，我们来看一下分成三个数的情况。

题目

将一个数分成三部分，怎么分才能使这三个部分的乘积最大?

解析

我们将依据先前得出的结论解决这个问题。

设将a分成三部分。首先假设任意一部分皆不等于$\frac{a}{3}$。那么其中必有一部分大于$\frac{a}{3}$（三个部分不可以同时小于$\frac{a}{3}$）；我们将该部分表示为$\frac{a}{3}+x$，同理，其中必有一部分小于$\frac{a}{3}$，我们将其表示为$\frac{a}{3}-y$，x和y均为正数。那么第三部分就等于

$$\frac{a}{3}+y-x。$$

$\frac{a}{3}$和$\frac{a}{3}+x-y$的和等于前两部分（$\frac{a}{3}+x$，$\frac{a}{3}-y$）的和，而它们的差的数值$x-y$小于前两部分差的数值$x+y$。从上一题的结论我们得知，此处的乘积

$$\frac{a}{3}\left(\frac{a}{3}+x-y\right)$$

要大于a的前两个部分的乘积。

因此，若将a的前两个部分换成$\frac{a}{3}$和$\frac{a}{3}+x-y$，第三部分保持不变，三个部分的乘积则变大。

现设三个部分中的一部分等于$\frac{a}{3}$。则另外两部分为：

$$\frac{a}{3}+z \text{ 和} \frac{a}{3}-z,$$

若将这两部分都变成$\frac{a}{3}$（改变后它们的和依然不变），那么乘积又变大，等于

$$\frac{a}{3}\times\frac{a}{3}\times\frac{a}{3}=\frac{a^3}{27}。$$

这样，若将数a分成不相等的三部份，那么该三部分的乘积小于$\frac{a^3}{27}$，即小于a分成三等份的各部分的乘积。

同样的方法还可以用来证明4个因数和5个因数的定理。

我们来看一个更通用的情况。

题目

若$x+y=a$，当x和y为何值时，$x^p y^q$的值最大。

解析

需要得出，当x取何值时，代数式

$$x^p(a-x)^q$$

达到最大值。

该代数式乘以$\frac{1}{p^p q^q}$。得到新的代数式

$$\frac{x^p}{p^p}\times\frac{(a-x)^q}{q^q},$$

显然，该代数式达到最大值时之前的代数式也达到最大值。

将这个代数式表示为：

$$\underbrace{\frac{x}{p}\times\frac{x}{p}\times\frac{x}{p}\times\frac{x}{p}\times\cdots\cdots}_{p\text{个}}\underbrace{\frac{a-x}{q}\times\frac{a-x}{q}\times\frac{a-x}{q}\cdots\cdots}_{q\text{个}}$$

该代数式中所有因子的和为

$$\underbrace{\frac{x}{p}+\frac{x}{p}+\frac{x}{p}+\cdots\cdots}_{p\uparrow}+\underbrace{\frac{a-x}{q}+\frac{a-x}{q}+\cdots\cdots}_{q\uparrow}=\frac{px}{p}+\frac{q(a-x)}{q}=x+(a-x)=a,$$

即为一个定值。

依据之前证明的定理，我们得出结论，乘积

$$\frac{x}{p}\times\frac{x}{p}\times\frac{x}{p}\cdots\cdots\times\frac{a-x}{q}\times\frac{a-x}{q}\times\frac{a-x}{q}\cdots\cdots$$

当其各个因数都相等，即$\frac{x}{p}=\frac{a-x}{q}$时，达到最大值。

因为$a-x=y$，代入替换得出比例关系：

$$\frac{x}{y}=\frac{p}{q}。$$

所以$x+y$，若等于固定值，当

$$x:y=p:q$$

时，$x^p y^q$的乘积最大。

用同样的方法还可以证明下面这些数的乘积$x^p y^q z^r$，$x^p y^q z^t t^u$等，

当$x+y+z$，$x+y+z+t$等为固定值，且

$$x:y:z=p:q:r，x:y:z:t=p:q:r:u$$

等时达到最大值。

什么时候和最小？

想要试试自己证明代数定理的能力的读者，可以尝试证明下面这两个
命题：

（1）两个数的乘积相同，当这两个数相等时，它们的和最小。

例如，两个数的乘积为36：那么，4+9=13，3+12=15，2+18=20，
1+36=37，还有最后的6+6=12。

（2）几个数的乘积相同，当这几个数都相等时，它们的和最小。

例如，三个数的乘积为216：那么就有3+12+6=21，2+18+6=26，9+6+4=19，同时6+6+6=18。

下面我们将通过一些实例来说明这些定理在实际中的应用。

体积最大的方木块

题目

把一块圆柱形的原木锯成方木块，为了使它的体积尽可能大，方木块的截面应该是什么形状（图23）？

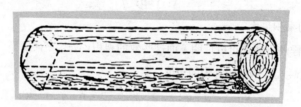

图23

解析

假设矩形截面的边是x和y，那么根据勾股定理

$$x^2+y^2=d^2,$$

这里的d是原木的直径。当方木块的截面面积最大的时候，也就是说当xy的值最大的时候，它的体积最大。而当xy最大的时候，乘积x^2y^2也最大。因为x^2+y^2是一个定值，那么按照之前所证明的定理，当$x^2=y^2$或者$x=y$时乘积x^2y^2最大。

所以方木块的截面应该是正方形。

两块土地

题目

（1）一个面积一定的矩形场地，什么形状的时候它的围栏的长度最短？

（2）一个矩形场地的围栏长度一定，什么形状的时候它的面积最大？

解析

（1）矩形场地的形状取决于它的边长x与y的比例。边长为x和y的场地面积等于xy，而围栏的长度等于$2x+2y$。当$x+y$达到最小值时，围栏长度最短。

乘积为定值的条件下，当$x=y$时，和$x+y$最小。所以所求的矩形是正方形。

（2）假如矩形的边长为x和y，那么围栏的长度是$2x+2y$，而面积是xy。当$4xy$最大时，也就是说$2x \times 2y$最大时，乘积xy也最大；在和一定的条件下，当$2x=2y$，也就是说当场地为正方形时，乘积$2x \times 2y$最大。

这样的话，关于正方形的几何特征我们就又多得知了两点：在所有的矩形中，当面积一定时，正方形的周长最短；当周长一定时，正方形的面积最大。

风筝

题目

一个扇形的风筝，周长一定，怎样的扇形才能使它的面积最大？

解析

题目的要求明确地说，就是求出当扇形的周长一定时，弧长和半径呈什么样的比例才能使它的面积最大。

如果扇形的半径是x，弧长是y，那么周长l和面积S可以表示成（图24）：

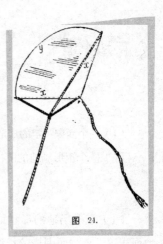

图 24.

$$l=2x+y, \quad S=\frac{xy}{2}=\frac{x(l-2x)}{2}$$

当乘积$2x(l-2x)$（面积的4倍）最大时，面积S也最大。因为两个因数的和$2x+(l-2x)=l$是一个定值，所以当$2x=l-2x$时，它们的乘积最大，那么得到：

$$x=\frac{l}{4}, \quad y=l-2\times\frac{l}{4}=\frac{l}{2}。$$

这么说，周长一定的扇形，当它的半径等于弧长的一半时（或者说当弧长等于两个半径的和，也就是周长的曲线部分等于直线部分的时候），它的面积最大。扇形的角度≈115°。这么长的风筝的飞行性能怎么样，这是另外一个问题了，不在这道题的讨论范围内。

建房子

题目

要在只剩一堵墙的破屋基上新建一座房子。这堵墙长12米。新房子的面积预定为112平方米。这项工程的经济条件是：

（1）修理旧墙一米的费用是砌新墙的25%。

（2）拆除旧墙一米，并用旧料来砌墙的费用是用新材料来建新墙的50%。

在这些条件下怎么利用旧墙才最合算？

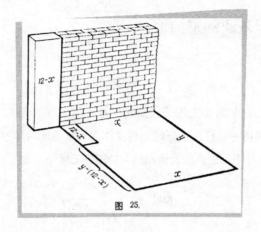

图 25.

解析

假设旧墙保留x米，剩下的$12-x$米拆掉用来砌新墙（图25）。如果用新材料砌墙每米的费用是a，那么修理x米旧墙就要花费$\dfrac{ax}{4}$；砌$12-x$米新墙的费用是$\dfrac{a(12-x)}{2}$；新墙剩余部分的费用是$a[y-(12-x)]$，也就是$a(y+x-12)$；第三堵墙的费用是ax，第四堵ay。整个工程耗费

$$\dfrac{ax}{4}+\dfrac{a(12-x)}{2}+a(y+x-12)+ax+ay=\dfrac{a(7x+8y)}{4}-6a$$

当$7x+8y$的和达到最小值时，上面的式子也达到最小值。

我们知道房子的面积xy等于112；从而

$$7x\cdot 8y=56\times 112。$$

$7x$和$8y$的乘积为定值，当$7x=8y$时，它们的和最小，解得：

$$y=\dfrac{7}{8}x。$$

把这个式子代入$xy=112$

得到：

$$\dfrac{7}{8}x^2=112，\quad x=\sqrt{128}\approx 11.3。$$

因为旧墙长12米，只需要拆除0.7米。

一块用来建别墅的地

题目

　　建别墅的时候需要先用栅栏圈起一片工地。有 l 米栅栏可以使用。此外，还可以利用一面已经建好的围栏（作为别墅用地的其中一面栅栏）。如何在这些条件下用栅栏围出面积最大的矩形工地？

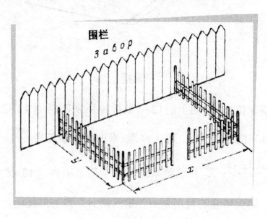

图26

解析

　　设工地（栅栏的）长为 x 米，宽（也就是与围栏相互垂直的栅栏）为 y 米（图26）。圈起这片工地需要 $x+2y$ 米栅栏，那么

$$x+2y=l。$$

工地面积等于

$$S=xy=y（l-2y）。$$

　　当 $2y（l-2y）$（面积的两倍）达到最大值时，面积 S 也达到最大值，而 $2y（l-2y）$ 的两个因数的和是定值 l。因此当 $2y=l-2y$ 时面积最大。

解得：

$$y=\frac{l}{4}，\ x=l-2y=\frac{l}{2}。$$

换句话说，$x=2y$，也就是工地长应该是宽的两倍。

截面最大的金属槽

题目

需要把一片矩形金属片（图27）折成一个截面为等腰梯形的槽。如图28所见，折叠的方式有很多种。截面各边长应为多少并且应该折成什么角度，才能使金属槽的截面面积最大（图29）？

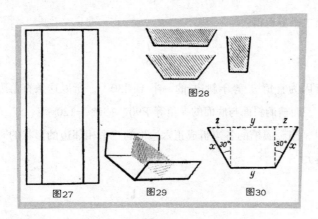

图28

图27　　图29　　图30

解析

设金属片宽是l。折起部分边长为x，而梯形的底边长为y。引入一个未知数z，从图30可以看出它代表的是哪一段长度。

金属槽的截面（梯形）的面积是

$$S = \frac{(z+y+z)+y}{2} \sqrt{x^2-z^2} = \sqrt{(y+z)^2(x^2-z^2)}。$$

任务就是要确定S达到最大值时x、y、z的值；同时$2x+y$的和是定值l。

进行变形：

$$S^2 = (y+z)^2(x+z)(x-z)。$$

x、y、z取什么数值S^2达到最大值，$3S^2$也达到最大值，$3S^2$表示成乘积：

$$(y+z)(y+z)(x+z)(3x-3z)。$$

这四个因数的和

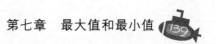

$$y+z+y+z+x+z+3x-3z=2y+4x=2l$$

是一个定值。所以当这些因数都相等的时候，它们的乘积最大，也就是说 $y+z=x+z$ 和 $x+z=3z-3x$ 的时候乘积最大。

由第一个方程得：

$$y=x,$$

因为 $y+2x=l$，所以

$$x=y=\frac{l}{3}。$$

由第二个方程得：

$$z=\frac{x}{2}=\frac{l}{6}。$$

而且因为直角边 z 等于斜边 x 的一半（图30），所以这条直角边所对的角为30°，而槽的斜面与底面的夹角等于90°+30°=120°。

所以，当金属槽的各边折成正六边形的三个相邻边的形状的时候，截面面积最大。

容量最大的漏斗

题目

要用一块圆形的铁皮来做漏斗锥形的部分。为此需要从圆铁皮里剪掉一个扇形，然后把剩余的部分卷成圆锥（图31）。剪掉的扇形应该为多少度，才能使漏斗的容量最大？

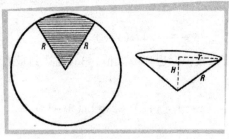

图31

解析

用x（长度）表示卷成圆锥的那部分弧长。从而圆锥的母线就是圆铁皮的半径R，而圆锥底面周长就等于x。圆锥底面半径r由下面的等式确定：

$$2\pi r=x,$$

从而得到

$$r=\frac{x}{2\pi}。$$

圆锥的高（根据勾股定理）

$$H=\sqrt{R^2-r^2}=\sqrt{R^2-\frac{x^2}{4\pi^2}}$$

这个圆锥的体积为

$$V=\frac{\pi}{3}r^2H=\frac{\pi}{3}\left(\frac{x}{2\pi}\right)^2\sqrt{R^2-\frac{x^2}{4\pi^2}}。$$

当式子

$$\left(\frac{x}{2\pi}\right)^2\sqrt{R^2-\frac{x^2}{4\pi^2}}$$

和它的平方

$$\left(\frac{x}{2\pi}\right)^4\left[R^2-\left(\frac{x}{2\pi}\right)^2\right]$$

达到最大值时，圆锥的体积也达到最大值。因为

$$\left(\frac{x}{2\pi}\right)^2+R^2-\left(\frac{x}{2\pi}\right)^2=R^2$$

是一个定值，那么（根据本章"什么时候乘积最大"一节中所证明的）当$\left(\frac{x}{2\pi}\right)^2$: $\left[R^2-\left(\frac{x}{2\pi}\right)^2\right]=2:1$时，它们的乘积最大，因此

$$\left(\frac{x}{2\pi}\right)^2=2R^2-2\left(\frac{x}{2\pi}\right)^2,$$

$$3\left(\frac{x}{2\pi}\right)^2=2R^2,\ x=\frac{2\pi}{3}R\sqrt{6}\approx5.15R。$$

弧$x\approx295°$，这意味着，剪掉的扇形的弧应该约等于65°。

照得最亮

题目

应该让蜡烛的火焰离桌面多高，才能把放在桌上的一枚硬币照得最亮？

解析

可能有人会觉得，火焰放得越低照明效果越好。这就错了：位置越低光线会越倾斜。把蜡烛举高使光线变陡，但是光源又离得远了。

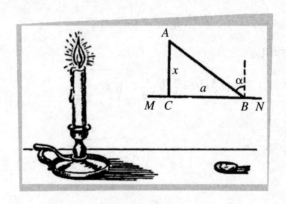

图32

显然，最好的光照就是把火焰放在桌子上方一个适中的高度。我们用 x 来表示这个高度（图32）。经过火焰 A 向桌子做垂线，垂足是 C，硬币 B 到垂足 C 的距离表示成 a。如果火焰的亮度是 i，那么根据光学原理硬币的照明度是：

$$\frac{i}{AB^2}\cos\alpha = \frac{i\cos\alpha}{(\sqrt{a^2+x^2})^2} = \frac{i\cos\alpha}{a^2+x^2},$$

这里的 α 是光束 AB 的入射角。因为

$$\cos\alpha = \cos A = \frac{x}{AB} = \frac{x}{\sqrt{a^2+x^2}},$$

那么照明度等于

$$\frac{i}{a^2+x^2} \cdot \frac{x}{\sqrt{a^2+x^2}} = \frac{ix}{(a^2+x^2)^{\frac{3}{2}}}。$$

这个式子的平方，即

$$\frac{i^2 x^2}{(a^2+x^2)^3}$$

达到最大值时，x的取值也使原来的式子达到最大值。

我们忽略因数i^2这个定值，上面式子剩余的部分做变形：

$$\frac{x^2}{(a^2+x^2)^3} = \frac{1}{(x^2+a^2)^2}[1-\frac{a^2}{x^2+a^2}] = [\frac{1}{x^2+a^2}]^2[1-\frac{a^2}{x^2+a^2}]。$$

变形后的式子

$$[\frac{a^2}{x^2+a^2}]^2[1-\frac{a^2}{x^2+a^2}]$$

达到最大值时，原来的式子也是最大值。因为这里引入的因数a^4是一个常数，它并不会影响乘积最大时x的取值。我们注意到两个因数的一次方的和

$$\frac{a^2}{x^2+a^2}+[1-\frac{a^2}{x^2+a^2}]=1$$

是一个常数，所以得出结论：当

$$\frac{a^2}{x^2+a^2} : [1-\frac{a^2}{x^2+a^2}]=2:1$$

时，它们的乘积最大（参看"什么时候乘积最大"一节）。

得到方程式：

$$a^2=2x^2+2a^2-2a^2。$$

解方程，得：

$$x=\frac{a}{\sqrt{2}} \approx 0.71a。$$

所以，当火焰的高度是其投影到硬币距离的0.71倍时，可以把硬币照得最亮。知道这个比例的话对于布置工作场所的照明设备很有帮助。

第八章
级数

最古老的级数

题目

最古老的级数问题不是那个有两千年历史的关于国际象棋的发明者的奖励的问题，而是一道更古老的关于怎样分粮食的题，这道题记在了著名的埃及数学著作《莱因德纸草书》里。这本纸草书是莱因德在上世纪末发现的，它大概是公元两千年前编写的，而且还是另一本年代更久远的数学著作的抄本，那或许是公元前三千年的书籍了。在这本书的算术、代数和几何题中有这样一道题（下面是这道题的意译）：

五个人分一百份粮食，第二个人分到的比第一个人多，第三个人分到的比第二个人多，第四个人分到的比第三个人多，第五个人分到的比第四个人多，每个人多出的份数是一样的。此外，前两个人的份数应是后面三个人总数的七分之一。请问每个人各得多少份？

解析

显然，这几个人分到的粮食份数是一个递增的等差级数。假设第一个人分到x份，与第二个人相差y份。那么

第一个人的份数…………………………………………x

第二个人的份数…………………………………………$x+y$

第三个人的份数…………………………………………$x+2y$

第四个人的份数…………………………………………$x+3y$

第五个人的份数…………………………………………$x+4y$

根据题意我们可以列出两个方程式

$$x+(x+y)+(x+2y)+(x+3y)+(x+4y)=100,$$

$$7[x+(x+y)]=(x+2y)+(x+3y)+(x+4y)。$$

化简后第一个方程式为$x+2y=20$，

第二个方程式变成：

$$11x=2y。$$

解方程组，得到：

$$x=1\frac{2}{3}，\ y=9\frac{1}{6}。$$

也就是说粮食分成了下面这些份数

$$1\frac{2}{3}，\ 10\frac{5}{6}，\ 20，\ 29\frac{1}{6}，\ 38\frac{1}{3}。$$

方格纸上的代数

尽管这道级数题已经有五千年的历史，它出现在我们的中学课本里却还是不久前的事。在两百年前马格尼茨基出版的一本引领半个世纪的中学基础教材中也有级数，但是没有给出级数的数量关系的公式。因为编写教材的人应付起这些题来，也不见得很轻松。然而等差数列求和公式借助方格纸这个简单又明了的方法，很容易就可以推导出来。在方格纸上任何等差级数都可以用阶梯图形表示。例如，图33中的*ABDC*图形表示级数：

2；5；8；11；14。

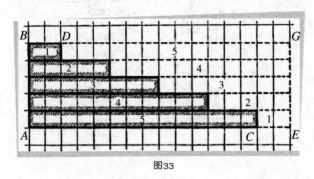

图33

为了求它各项的和，我们把图形补成一个矩形ABGE。得到两个相等的图形ABDC和DGEC。每个图形面积表示我们的级数各项的和。这意味着，两倍的级数各项和等于矩形ABGE的面积，也就是

$$（AC+CE）\times AB。$$

而AC+CE表示级数第一项和第五项的和；AB是级数的项数。因此两倍的和

$$2S=（首末两项的和）\times 项数，$$

或者

$$S=\frac{（首项加末项）\times 项数}{2}$$

浇菜园

题目

一个菜园里有30畦，每畦长16米，宽2.5米。菜农要提着桶到离菜园边界14米远的井里打水来浇菜（图34），浇水的时候要绕着一畦走一圈，而且打一趟水只够浇一畦。

图34

菜农要浇完整个菜园要走多长的路？路程的起点和终点都算在井边。

解析

浇第一畦时菜农所走的路程是

$$14+16+2.5+16+2.5+14=65（米）。$$

浇第二畦时菜农所走的路程是

$$14+2.5+16+2.5+16+2.5+2.5+14=65+5=70（米）。$$

每一次浇水都比上一次多走5米。我们得到级数：

$$65；70；75；\cdots\cdots65+5\times29。$$

它各项的和等于

$$\frac{（65+65+29\times5）\times30}{2}=4125（米）。$$

菜农浇完整个菜园要走4.125千米的路。

喂鸡

题目

为了喂养31只母鸡，储备了一定数量的饲料，按每只母鸡一周储备一斗来计算。本来假设母鸡的数量是不变的。但是事实上每周的母鸡数量减少一只，于是饲料的储量足够母鸡吃的时间就延长了一倍。

储备的饲料有多少，并且当初预计让母鸡吃多长时间？

解析

假设当初储备x斗饲料，打算给母鸡吃y周。因为31只母鸡按每只一周1斗，那么

$$x=31y。$$

第一周消耗31斗，第二周30斗，第三周29斗……到预计维持时间的最后一周消耗

$$（31-2y+1）斗^{①}，$$

那么整个储量是：

$$x=31y=31+30+29+\cdots\cdots+（31-2y+1）。$$

第一项为31，最后一项为31-2y+1，共2y项的级数各项的和为

$$31y=\frac{（31+31-2y+1）2y}{2}=（63-2y）y。$$

因为y不能等于零，等式两边就可以约去这个数。得到：

$$31=63-2y，y=16。$$

由此得出

$$x=31y=496。$$

储备了496斗饲料，打算维持16周。

挖土小组

题目

学校要求高年级学生在附近挖一条小沟，于是组建了一个挖土小组。如果挖土小组全体参与工作，小沟24小时就可以挖好。但实际上一开始只有一个人干活。过了一会儿来了第二个人；过了相同时间第三个人加入，接着间隔了同样的时间来了第四个人，这样直至最后一个人。计算时发现，第一名成员的工作时长是最后一名的11倍。

问最后一个人工作了多长时间？

---

①解释一下：

第一周消耗饲料31斗，

第二周……（31-1）斗，

第三周……（31-2）斗，

……………………

第2y周……[31-(2y-1)]=（31-2y+1）斗。

图35

解析

假设挖土小组最后一个人挖了x小时，那么第一个人挖了$11x$小时。假如挖土的学生数量有y人，那么以$11x$为首项、x为末项、y名成员的总工作小时数是等差数列，也就是说

$$\frac{(11x+x)\,y}{2}=6xy。$$

另一方面，已知y名成员的挖土小组一起挖的话24小时就可以挖完，也就是说挖这条小沟一共需要$24y$个工作小时。

从而

$$6xy=24y。$$

成员数量y不能等于零；所以方程两边可以约去这个因数，然后得出：

$$6x=24，\ x=4。$$

所以，最后一个加入的人挖了4小时。

题目的问题我们已经回答了；但是如果我们想知道小组里一共有多少人，是无法确定的，尽管在方程式中有这个数字出现（以字母y的形式）。题目中没有给出足够的数据来解答这个问题。

苹果

题目

一个园丁卖苹果。他卖给第一个顾客所有苹果的一半加上半个苹果，卖给第二个顾客剩余苹果的一半再加上半个；第三个顾客——剩余的一半加上半个，以此类推，直至卖给第七个顾客剩余苹果的一半加上半个；然后他的苹果就卖光了。园丁一共有多少苹果？

解析

如果最初苹果的数量为x，那么第一个顾客买到的是

$$\frac{x}{2}+\frac{1}{2}=\frac{x+1}{2},$$

第二个顾客买到的是

$$\frac{1}{2}[x-\frac{x+1}{2}]+\frac{1}{2}=\frac{x+1}{2^2},$$

第三个顾客买到的是

$$\frac{1}{2}[x-\frac{x+1}{2}-\frac{x+1}{4}]+\frac{1}{2}=\frac{x+1}{2^3},$$

第七个顾客买到的是

$$\frac{x+1}{2^7},$$

得到方程式

$$\frac{x+1}{2}+\frac{x+1}{2^2}+\frac{x+1}{2^3}+\cdots\cdots+\frac{x+1}{2^7}=x,$$

或者

$$(x+1)[\frac{1}{2}+\frac{1}{2^2}+\frac{1}{2^3}+\cdots\cdots+\frac{1}{2^7}]=x。$$

算出括号里的等比级数的和，得到

$$\frac{x}{x+1}=1-\frac{1}{2^7},\quad x=2^7-1=127。$$

总共有127个苹果。

买马

题目

有一个人以156卢布的价格卖掉了一匹马。但是买主买了后又反悔，他把马退还给卖主，说：

"我买你的马太不合算了，这马根本不值这么多钱。"

图36

于是卖主提出新的条件："如果你嫌这马的价格高，那你就光买它马蹄铁上的钉子好了，马可以白送。每个马蹄铁上有6个钉子。第一个钉子只要给我$\frac{1}{4}$戈比，第二个$\frac{1}{2}$戈比，第三个1戈比，以此类推。"

买主心动了，想白得一匹马，估计着买钉子总共花不了10卢布，就接受了卖马的人的条件。

买主这回要破费多少钱？

解析

买24个钉子要花

$$\frac{1}{4}+\frac{1}{2}+1+2+2^2+2^3+\cdots\cdots+2^{24-3}$$

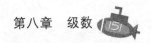

戈比。这个总和等于

$$\frac{2^{21} \times 2 - \frac{1}{4}}{2-1} = 2^{22} - \frac{1}{4} = 4194303\frac{3}{4}$$

戈比，也就是说，大概42 000卢布。这样的条件当然乐意白送马了。

军人的伤残津贴

题目

下面这道题摘自另一本古老的俄罗斯数学教材（这本书的书名很冗长——《一本由数学家叶菲姆·沃依纪霍夫斯基编写的，有助于青少年进行数学练习的纯数学全套课程》）中，有这样一道题：

服役中的军人伤残津贴如下：第一次受伤发放津贴1戈比，第二次受伤发放2戈比，第三次受伤发放4戈比，这样类推下去。通过计算得知一名军人共获津贴655卢布35戈比。问他受了几次伤？

解析

列方程：

$$65535 = 1 + 2 + 2^2 + 2^3 + \cdots\cdots + 2^x - 1$$

或者

$$65535 = \frac{2^{x-1} \times 2 - 1}{2-1} = 2^x - 1,$$

解得

$$65536 = 2^x, \quad x = 16。$$

这个结果我们很容易就能算出来。

在这个如此"慷慨"的津贴制度下，军人受了16次伤还得活下来，才能获得655卢布35戈比的津贴。

第九章
第七则运算

第七则运算

我们已经提到过，第五则运算——乘方有两种逆运算。如果$a^b=c$，那么求a是一种逆运算——求底数；求b则是另一种逆运算——对数运算。我想，这本书的读者应该是具备中学范围的对数基础知识的。那么他要看懂下面这个式子等于多少，应该没有什么困难：

$$a^{lgab}。$$

不难明白，如果把对数的底数a乘方，乘方次数是以a为底b的对数，那么结果等于b。

为什么要发明对数呢？当然是为了使计算更便捷、快速。最早的对数表的发明者纳皮尔就是这样讲述自己的动机的：

"我用尽一切努力，来摆脱计算的困难和枯燥，因为烦琐的计算常常把很多本来要学习数学的人吓跑。"

实际上，对数极大地加快了计算过程，更不用说，一些计算有了对数才能进行，不利用对数的话计算起来会非常困难（例如任意次数的开方）。

难怪拉普拉斯说："对数的发明可以使计算的工作量从几个月减少到几天，这就如同把天文学家的寿命延长了一倍。"这位伟大的数学家之所以讲到天文学家，因为他们不得不处理特别复杂和费劲的计算。但其实他的话放在任何跟计算打交道的人身上都不为过。

我们习惯了对数和它带来的简便计算，就很难想象对数刚刚出现时所引起的惊奇和赞叹。后来发明了常用对数、与纳皮尔同时代的布里格，拿

 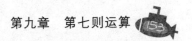

到纳皮尔的文章后，曾写道："纳皮尔用他的新奇的对数使我加倍努力的工作。我希望今年夏天能见到他，因为我未曾读过一本能让我如此喜欢和惊奇的书。"布里格实现了他的愿望，去了苏格兰，拜访对数的发明者。见面时，布里格说：

"我长途跋涉唯一目的就是为了见见你本人，并向你询问，是什么智慧和艺术的工具使您最初想到对数这个对于天文学妙不可言的方法。而且，现在我更为惊奇的是，为什么以前没有人发现——然而知道它们以后你会感到它们是如此简单。"

对数的竞争对手

在对数发明之前，为了加快计算产生了另外一种表，借助这类表乘法可以用另一种运算替代，但不是加法，而是减法。这些表格是根据下面这个恒等式设置的

$$ab=\frac{(a+b)^2}{4}-\frac{(a-b)^2}{4},$$

证实它的正确性很容易，只要去括号就行了。

有了各个数的现成的平方的四分之一的表，不用做乘法，而是用两个数的和的平方的四分之一减去两个数的差的平方的四分之一，就可以得到这两个数的乘积。这些表格还使乘方和开方更方便些，再和倒数表一块儿使用，做起除法来也很简便了。它相对于对数表的优势就在于，通过它得到的结果是精确的，而不是近似的。但从许多更重要的实用方面来说，它是不如对数表的。因为平方的四分之一只允许两个数相乘，对数表则可以让我们一次性找出任意个数的乘积，除此以外，还可以求出任何次方的乘方和任何指数（整数或分数）的方根。比如，复利息就没法通过平方的四分之一表计算。

即使是这样，所有形式的对数表出现以后，平方的四分之一表依旧发行。1856年，法国出版的平方的四分之一表打着这样的标题：

"1到10亿的数字平方表，借助它可以用非常简单的方法算出两数乘积的准确值，比对数表更便捷。编者亚历山大·卡萨尔。"

有多人都抱有这样的想法，可他们不知道，这个表格已经使用很久了。有几次发现类似表格的人来找我，以为这是新东西，而当得知它早在三百多年前就已经发明了，他们都十分诧异。

对数另外一个更年轻的竞争者，就是许多技术手册里的计算用表。这是一个包含下面这些表格的总表：从2到1000的各个数的平方、立方、平方根、立方根、倒数、圆的周长和面积。这些表用在很多技术计算上都非常便捷，但它们还是有不够用的时候；而对数表的应用范围要广泛得多。

对数表的演变

学校里以前用的是五位对数表。现在换成用四位数的了，因为用它来应付技术上的计算完全足够了。对于大多数实际需求甚至三位对数表都够用了，毕竟日常度量很少有超过三位有效数字的。

人们并不是很早就意识到对数表不需要那么多位。我还记得，学校里曾经还在用厚重的七位数对数表，还是经过一番顽强的抗争后才换成五位对数表的。但是七位对数表在刚问世时（1794年）也是人们难以接受的新事物。由伦敦数学家亨利·布里格（1624年）辛勒创立的十进对数（常用对数）最初是十四位的。几年后，苏格兰数学家安德里安·弗拉克把它换成了十位数表。

看来对数表是从多位的尾数逐渐往更短的尾数演变，这个趋势直至现在尚未结束，因为现在还有很多人没有认识到一个简单的道理：计算的精度是不能超过测量精度的。

对数表位数的缩减产生了两个重要的实际影响：（1）明显缩小了表格的篇幅。（2）由此它们使用起来也简便些，利用它们加快了计算。七位数对数表大约是大开本200页；五位数对数表对开本30页；四位数对数表所占的页数是五位对数表的十分之一，用大开本两页就够了；三位数对数表一

 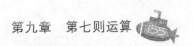

页纸就能容下。

至于计算的速度，经过确认，例如，用五位数对数表计算，比起用七位数对数表，时间缩短了一半。

对数奇观

如果说实际生活和日常技术工作的需求三位和四位对数表就能满足，那么，另一方面，理论科研人员要用到的对数表位数却长得多，甚至比布里格的十四位对数还多得多。一般来说，大部分对数都是无理数，因此无论用多少位数字都不能完全准确地表示出来；大多数对数，无论取多少位有效数字，表示的都只是近似值——尾数保留得越多，对数也越精确。科研工作中有时十四位对数[1]都显得不够精确；但是自对数发明以来，陆续出版了500种对数表，科研工作者总能找到适合的一种。比如，有法国的卡莱尔编制的从数字2到1200的二十位对数表。也有数字范围更窄、位数更多的对数表。对现今存在的新奇的对数，很多数学家跟我一样都见怪不怪了。

下面列举的就是一些巨型对数；它们全不是常用对数而是自然对数[2]；

沃尔弗拉姆编写的10 000以下各数的48位对数表；

沙普编写的61位对数表；

巴尔克赫列斯特的102位对数表；

最后还有，超级巨型对数表；

亚当斯的260位对数表。

最后一个对数表，顺便说一说，并不是表，而是五个数字：2、3、5、7和10的自然对数和一个换算因素（也是260位的）用来把它们换算成常用对数。然而不难理解，有了这五个数的对数，就可以通过简单的加法或乘

---

[1]顺便一提，布里格的十四位对数表只是从数字1到200 000和90 000到101 000。
[2]自然对数指的是底数不是10，而是2.718……的对数，我们后面还会讲到。

法得到很多合数的对数；例如，12的对数等于2、2和3的对数的和。

完全有理由列入对数奇观的还有计算尺——"木质的对数"，不过这种灵巧的计算工具，由于使用方便，已经成为了技术人员的常用工具，就像从前的公务人员用惯的算盘一样。习惯以后自然就不会对它感到稀奇了，况且即使它的工作原理是对数，使用的人无须知道对数是什么也能很好地使用。

舞台上的对数

一位速算专家所能在大庭广众下做出最惊人的关于数的表演，无疑是下面这一个。你从海报上得知，一个多位数的多次方根，速算专家只要心算就能算出来，于是你在家里煞费苦心地准备好某一个多位数的31次方，想要用这个35位数的"战列舰"来战胜速算专家。到了那时候，你就跟专家说：

"请你求出下面这个35位数的31次方根！我念，你记好了。"

速算专家捡起一支粉笔，不等你开口念第一个数字，他就写出了结果：13。

还不知道是什么数，他就算出它的方根，而且是开31次方，还是口算，还瞬间就算出来了！

你吃惊了，被打败了，可这一切里面没有什么玄妙的。秘密很简单，只有一个数字，就是13，它的31次方是一个35位数，小于13的数，得出结果没有35位；大于13的数，结果又超过35位。

可是这一点他又是怎么知道的？他是怎么求出13来的？他借助的就是对数，他已经把15到29的对数背得滚瓜烂熟了。要把它们背熟并没有想象那么难，尤其如果我们利用这一条法则：合数的对数等于它的素因数的对数的和。记住了2、3和7的对数[①]，就相当于知道了10以内的对数了；至于

①提醒一下，$\log 5 = \log \dfrac{10}{2} = 1 - \log 2$。

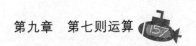

11到20的对数，那还得背下四个数的对数。

不管用什么方法，速算专家在心中要有下面的这张两位对数表：

数字	对数	数字	对数
2	0.30	11	1.04
3	0.48	12	1.08
4	0.60	13	1.11
5	0.70	14	1.15
6	0.78	15	1.18
7	0.85	16	1.20
8	0.90	17	1.23
9	0.95	18	1.26
		19	1.28

使你惊叹的数学技巧，关键就在于：

$$log \sqrt[31]{(35位数字)} = \frac{34.\cdots\cdots}{31},$$

所求的对数在$\frac{34}{31}$和$\frac{34.99}{31}$之间，或1.10和1.13之间。

这样就得出那个使人惊奇的结果了。当然，要在这范围里只有一个整数——13的对数，是1.11。

要快速心算出上面所说的，就要灵活变通，并且具备专业的熟练技巧。但是问题的本质，正如我们所见，是很简单的。你现在自己也可以练习类似的把戏，如果不是心算，在纸上算也行。

假设给你出这么一道题：一个20位的数开64次方。

不用知道这个数是什么，你就能说出开方的结果：这个根等于2。

实际上，$log \sqrt[64]{(20位数字)} = \frac{19.\cdots\cdots}{64}$ 那么它就在$\frac{19}{64}$和$\frac{19.99}{64}$之间，也就是说在0.30和0.31之间。只有一个整数的对数是0.30，是2。

你还可以在出题人准备念给你这个数的时候，就先说出这个著名的"国际象棋"数，让他更吃一惊，

$$2^{64}=18\ 446\ 744\ 073\ 709\ 551\ 616。$$

畜牧场里的对数

所谓"维持"饲料量（也就是说供机体体温消耗、内部器官活动、再生死去的细胞等所需的饲料的最低量）[①]与牲畜身体的表面积成正比。

知道这一点后，请确定一头重420千克的犍牛维持生命所需的饲料的热量，假设同等的条件下，一头重630千克的犍牛需要13 500卡的热量。

解析

要解出这道畜牧领域的实际问题，除了需要代数以外，要得借助几何。根据题目条件所求的热量x与犍牛的表面积s成比例，也就是

$$\frac{x}{13\,500} = \frac{s}{s_1}$$

这里的s_1是重630千克的犍牛的表面积。根据几何原理我们知道，物体表面积s与其长度l的平方成比例，而体积（以及相应的重量）与长度的立方成比例。因此

$$\frac{s}{s_1} = \frac{l^2}{l_1^2}, \quad \frac{420}{630} = \frac{l^3}{l_1^3},$$

这意味着

$$\frac{l}{l_1} = \frac{\sqrt[3]{420}}{\sqrt[3]{630}},$$

从而有

$$\frac{x}{13\,500} = \frac{\sqrt[3]{420}}{\sqrt[3]{630}} = \sqrt[3]{\left(\frac{420}{630}\right)^2} = \sqrt[3]{\left(\frac{2}{3}\right)^2},$$

$$x = 13\,500\sqrt[3]{\frac{4}{9}}$$

借助对数表我们得出：

---

①与"生产"饲料不同，"生产"饲料指的是以获得牲畜产品为目的而圈养的动物的饲料。

$$x = 10\ 300。$$

犍牛需要10 300卡热量。

音乐中的对数

音乐家中少有对数学感兴趣的，他们大多数对数学抱有敬而远之的态度。然而音乐家们即使不是像普希金笔下的萨列里那样，用"代数方法检验和声"，也比他们自己想象的更加频繁接触到数学，而且是接触的还是对数这么可怕的东西。

这里我要引用我们已故的物理学家艾兴瓦尔德教授的文章[1]中的一段话：

"我有一个中学同学，很喜欢弹钢琴，但却厌恶数学。他甚至还用轻蔑的口气说，音乐和数学没有一点儿相同的地方。的确，毕达哥拉斯发现了音频的比例关系，可是，恰恰毕达哥拉斯音阶体系对我们的音乐已经不适用了。"

你想象一下，当我向我同学证明，他在琴键上弹奏的时候，其实弹的是对数，他是多么吃惊又不悦。实际上，在所谓等音程半音音阶中，各"音程"并不是按音的频率，也不是按波长等距离地摆放的，却是这些数量的对数。只不过对数的底是2，而不是其他情况下的10。

我们假设最低八度的 do——我们把它叫作第零个八度——标记为每秒振动 n 次。那么第一个八音度每秒振动 $2n$ 次，而第 m 个八度振动 $n \cdot 2^m$ 次，以此类推。用编号 p 来表示钢琴的半音音阶的任意一个音调，把每一个八度的基础音调 do 作为第0个；那么 sol 就是第7个，$l\alpha$ 就是第9个，等等；第12个音还是 do，不过高了一个八度。因为在等音程半音音阶里面每一个后面的音的频率要比前面一个的频率大 $\sqrt[12]{2}$ 倍，所以任意一个音（第 m 八度里面第 p 个音）的频率都可以用这个公式表示：

$$N_{pm} = n \cdot 2^m \left(\sqrt[12]{2}\right)^p。$$

————————————
①这篇文章发表在《1919年俄罗斯天文年历》，题为"关于大、小距离"。

这个公式的两端各取对数，得出：

$$logN_{pm}=logn+mlog2+p\frac{log2}{12},$$

或

$$logN_{pm}=logn+\left(m+\frac{p}{12}\right)log2,$$

把最低的*do*的频率取1（*n*=1），并且把所有对数都看成以2为底的对数（只需取*log*2=1），上面的式子就变成：

$$logN_{pm}=m+\frac{p}{12}。$$

由此可见，琴键的编号就是相应音调频率的对数[①]。甚至可以说，表示八度的那个编号（*m*）是对数的首数，而表示音调在这个八音度里的编号*p*[②]，是对数的尾数。

例如，在第三八音度中的*sol*，就是说在$3+\frac{7}{12}$（≈3.583）这个数里面，3是这个音的频率的以2为底的对数的首数，而$\frac{7}{12}$（≈0.583）是这个对数的尾数；因此，它的频率是最低八音度中的*do*的频率的$2^{3.583}$倍，也就是11.98倍。

恒星、噪声和对数

这个标题看起来像是把几样毫不相干的东西硬是扯到一起了，这并不是对科济马·普鲁特科夫的作品的拙劣模仿；因为接下来要讲的，的确是恒星和噪声与对数之间的密切联系。

噪声和恒星在这里相联系，是因为噪声的强度和恒星的亮度的衡量方法都是一样的，都是以对数作为标尺。

---

① 这对数要乘以12。

② 这号码要除以12。

天文学家根据视亮度的等级把恒星划分为一等星、二等星、三等星等等。连续的恒星等级在肉眼看来是等差级数的各项，而它们物理亮度的变化则是基于另外一个原则：各恒星的客观亮度是以2.5为公比的等比级数。很好明白，恒星的"等级"不是别的，正是它物理亮度的对数。例如，三等星的亮度是一等星的2.5^{3-1}倍，也就是说6.25倍。简单地说，天文学家在评定恒星的视亮度时，使用的是以2.5为底的对数表。在这里就不展开讲这些有趣的比例关系了，因为在我的另一本书《趣味天文学》中关于这方面已经讲解得足够详细了。

噪声响度也是按照类似的方式度量的。工业噪声对工人的健康和劳动生产率造成了不良的影响，这促使人们规定一种精确度量噪声强度的方法。声音响度的单位是"贝"，但实际上通常使用的是它的十分之一叫"分贝"。噪音等级依次是1贝、2贝等等（实际中用的是10分贝，20分贝等等），对我们的听力来说呈等差级数。这些噪声的"强度"（准确地说是"能量"）是呈公比为10的等比级数。1贝的噪声强度之间相差10噪声力量。也就是说，用贝来表示，噪声的响度等于它的强度的常数对数。

我们看几个例子后就更清楚了。

树叶静静的沙沙声定为1贝，大声交谈的声音是6.5贝，狮子的咆哮声是8.7贝。由此得出交谈声的强度比树叶沙沙声强$10^{6.5-1}=10^{5.5}=316\,228$倍；狮子咆哮声比交谈声强$10^{8.7-6.5}=10^{2.2}=158$倍。

公认响度高于8贝的噪声就对人体有害，很多工厂都超出了这个标准：工程的噪声一般是10贝或者更高；锤子敲击钢板产生的噪声是11贝。这些噪声是允许的标准强度的100到1 000倍，而且是尼亚加拉瀑布最喧闹的地方（9贝）的10到100倍。

无论是度量天体的视亮度，还是测量噪声的响度，我们发现了感觉强度与使人产生感觉的刺激强度之间的对数关系，这是偶然吗？不，这两者都是同一个定律（费希纳定律）造成的结果，根据这个定律：感觉强度与刺激强度的对数成正比。

看来，连心理学领域都被对数入侵了。

电气照明中的对数

题目

充气的电灯泡要比真空的金属丝灯泡亮很多，这是由不同的灯丝温度造成的。根据物理学上的定律，物体白热时所释放的光线的总量随着绝对温度的12次方成正比增长。清楚这一点后，我们来做这样一道计算题：灯丝的绝对温度为2500K的充气灯泡，比灯丝温度为2200K的真空灯泡释放的光线要多几倍？

解析

用x来表示所求的倍数，得到方程式

$$x=\left(\frac{2500}{2200}\right)^{12}=\left(\frac{25}{22}\right)^{12},$$

由此得到

$$log x=12\left(log25-log22\right)；x=4.6。$$

充气灯泡放射的光线是真空灯泡的4.6倍。也就是说，如果真空灯泡发出50烛光的光线，同等条件下充气灯泡会发出230烛光的光线。

再算一算：要是灯泡的亮度增大一倍，需要使绝对温度（百分比）升高多少？

解析

列出方程式

$$\left(1+\frac{x}{100}\right)^{12}=2,$$

得到

$$log\left(1+\frac{x}{100}\right)=\frac{log2}{12},$$

因而

$$x=6\%。$$

最后，第三个计算：假如灯丝的温度（绝对温度）升高1%，灯的亮度会增大多少（百分比）？

解析

借助对数计算

$$x=1.01^{12},$$

得出：

$$x=1.13。$$

亮度增强13%。

计算出温度升高2%以后，亮度增强27%，温度升高3%，亮度增强43%。

现在就明白，为什么在电灯的制作工艺中，会那么关心灯丝温度的升高，哪怕一两度都十分重视。

为未来几百年写的遗言

还有谁没听说过，国际象棋的发明者要求奖励所需要的麦粒的总数目？这个数目是通过把1连续翻倍得来的：在棋盘的第一格发明者要求一粒麦子，第二格两粒，以此类推，每一格都翻一番，直到第64格为止。

然而，不仅持续翻倍可以产生量的突变，缓和很多的增长方式，数目增长起来也是出奇快。盈利率5%的资本，每年都是上一年的1.05倍。增长看似并不显著。可只要过上一段时间，资本就会变成巨额。这就是为什么一笔遗产在一段较长时间后增长惊人的原因。听起来很奇怪，立遗嘱的人留下一小笔钱，却吩咐用它来支付一大笔财产。著名的美国政治家本杰明·富兰克林的遗嘱，就是一个大家所熟知的例子。这个遗嘱收录在《本杰明·富兰克林杂文选集》中。下面就是一段节选：

"1000英镑赠给波士顿的居民。如果他们接受了这1000英镑，那么这笔钱应该托付给一些挑选出来的公民，让这些公民把这些钱按每年5%的利率借给一些年轻的手工业者①。这笔钱一百年后就变成131 000英镑。我希望，到时候其中100 000英镑用于修建公共房屋，剩余的31 000英镑拿去继续生息100年。这100年过后这笔钱变成4 061 000英镑，其中1 061 000英镑留给波士顿居民自由支配，而3 000 000 赠给马萨诸塞州公众管理。这以后，我就不再多做主张了。"

富兰克林只留下1000英镑，就能分配几百万。然而这里没有什么错的。通过数学计算可以证实，富兰克林遗嘱中的想法完全有实现的可能。1000英镑，每年增长到1.05倍，100年后就变成了

$$x=1000 \times 1.05^{100} （英镑）。$$

这个式子可以借助对数算出来：

$$log x=log 1000+100 log 1.05=5.11893,$$

得到

$$x=131000$$

与遗嘱中所写的一致。往后，31 000英镑再经过一百年会变成

$$y=31000 \times 1.05^{100},$$

我们借助对数得出

$$y=4076500,$$

这个数跟遗嘱中的有点出入，但相差不大。

请读者独立解出下面这道题，它来自于萨尔蒂科夫的《戈罗夫略夫老爷们》中的片段：

"波尔菲里·弗拉基米尔维奇坐在自己的办公室里，计算的数字写满了好几张纸。他在计算这样一个问题：假如我出生时爷爷送给我的100卢布，没有被妈妈据为己有，而是以小波尔菲里的名义押到当铺，那么现在会变成多少钱呢？原来，也不多：总共才700卢布。"

假设波尔菲里在算这笔账时50岁，并且假设他的计算没有错（虽然这个假设的可能性不大，因为波尔菲里未必懂对数，而且还得把复杂的利率算对），请问当时当铺的利率是多少？

---

① 当时美国还没有信贷机构。

本金的不断增长

在储蓄所里每年的利息都会合并到本金中去。如果合并得更频繁些，本金就会涨得更快，因为用来生利息的数额更大了。我们来举一个纯粹理论性的、十分简单的例子。假设把100卢布存入储蓄所，年利率100%。如果利息每到年末的时候才并到本金中去，这一年过后100卢布就变成了200卢布。现在我们来看看，如果利息每半年就并进本金一次，100卢布会变成多少钱。半年后100卢布增长到

$$100 \times 1.5 = 150 卢布。$$

再过半年增长到

$$150 \times 1.5 = 225 卢布。$$

假如每 $\frac{1}{3}$ 年利息合并到本金一次，那么一年后100卢布变成

$$100 \times \left(1\frac{1}{3}\right)^3 \approx 237.03 卢布。$$

我们把利息合并到本金的频率增加到每0.1年一次，每0.01年一次，每0.001年一次等等。那么一年后100卢布会变成：

$$100 \times 1.1^{10} \approx 259.37 卢布，$$

$$100 \times 1.01^{100} \approx 270.48 卢布，$$

$$100 \times 1.001^{1000} \approx 271.69 卢布，$$

高数的方法证明，无限地缩短合并的期限本金并不会无限增长下去，而是接近一个边界值，大约等于271.83卢布。按100%的利息，不可能超过原来本金的2.7183倍，即使每秒钟利息都并到本金一次。

数字 "e"

之前得出的数2.7183……在高数中扮演着极其重要的角色，甚至不亚于著名的π，它有一个特殊的符号e。这是一个无理数：尾数取多少位都不能

精确地表示它[①]，但可以借助下面这个数列算出它任何精度的近似值：

$$1+\frac{1}{1}+\frac{1}{1\times2}+\frac{1}{1\times2\times3}+\frac{1}{1\times2\times3\times4}+\frac{1}{1\times2\times3\times4\times5}+\cdots\cdots$$

从上面列举的本金根据复利的增长的例子，很容易看出，数e就是式子当n无限增大时的极限。这个式子是

$$\left(1+\frac{1}{n}\right)^{n}。$$

由于很多理由（我们不能在这里详细说明），e很合适作为对数的底。这些（自然对数）表存在并广泛应用于科学和技术领域。那些我们前面提到过的48位、61位、103位和260位的巨型对数，就是以e为底的。

e时常会出现在一些让人意想不到的地方。譬如，我们来看看这样一个问题：

应该把数字分成哪些部分，才能使各部分的乘积最大？

我们已经知道，各数之和为定值，当它们都相等时，它们的乘积最大。显然，要把数字分成若干等份。但是需要分成多少等份呢？分成两份、三份、十份？用高数的方法可以证实，当各部分尽可能地接近e这个数时，得到的乘积最大。

例如，尽可能地把10分成若干等份，每部分尽可能地等于2.718，为此需要求出商

$$\frac{10}{2.718\cdots\cdots}=3.678\cdots\cdots$$

因为把一个数分成3.678……个相等的部分是说不通的，那么只能选择最接近的整数4。那么我们就得到，当各部分都等于 $\frac{10}{4}$，也就是2.5时，各部分的乘积最大。这意味着

$$(2.5)^{4}=39.0625，$$

就是10分成的若干等份的乘积的最大值。事实上，如果把10分成3等份或5等份，我们得到的乘积要小一些：

---

①除了这一点外，它还和π一样是超验的，也就是说不能通过任何带整数系数算术方程式得到。

$$\left(\frac{10}{3}\right)^3=37,$$

$$\left(\frac{10}{5}\right)^5=32。$$

把20分成7等份时，各等份的乘积最大，因为

$$20\div2.718\cdots\cdots\approx7.36\approx7。$$

50需要分成18等份，100分成37等份，因为

$$50\div2.718\cdots\cdots\approx18.4,$$

$$100\div2.718\cdots\cdots\approx36.8。$$

e在数学、物理学、天文学和其他科学中起着很重要的作用。下面列出来的这些问题，在进行数学研究时都必须用到这个数（这个表还可以无限地列举下去）：

气压公式（压强随着高度的增大而减小），

欧拉公式[①]，

物体的冷却定律，

放射性衰变与地球的年龄，

空气中摆锤的摆动，

计算火箭速度的齐奥尔科夫斯基公式[②]，

线圈中的电磁振荡，

细胞的增值。

对数喜剧

题目

在第五章我们已经给读者讲过一些数学的喜剧，现在我们再举一个同

---

①关于这个公式详见我的《趣味物理学》下册中的《儒勒·凡尔纳的大力士和欧拉的公式》。
②详见我的书《星际旅行》。

类型的小例子，再一次"证明"2>3。这次参与论证的是对数运算。这出"喜剧"的开场是一个不等式

$$\frac{1}{4} > \frac{1}{8},$$

这个不等式显然没有错。然后是变形

$$\left(\frac{1}{2}\right)^2 > \left(\frac{1}{2}\right)^3,$$

这也没有什么疑问。比较大的数，对数也越大，也就是说

$$2\log_{10}\left(\frac{1}{2}\right) > 3\log_{10}\left(\frac{1}{2}\right)。$$

两边约去 $\log_{10}\left(\frac{1}{2}\right)$ 后，我们得到：

$$2 > 3。$$

论证中哪里出错了？

解析

错误在于，约去 $\log_{10}\left(\frac{1}{2}\right)$ 的时候，不等号没有变号（>改成<）；要变号是因为 $\log_{10}\left(\frac{1}{2}\right)$ 是负数。[如果我们取对数的时候不用10做底，而是用比 $\frac{1}{2}$ 小的数做底，那么 $\log\left(\frac{1}{2}\right)$ 就是正的，但是我们就不能说较大的数对数也比较大了。]

三个二表示任意数

题目

我们将用一道妙趣的代数难题来结束这本书，这道题是：借助三个2和数学符号来表示任何一个正负数。

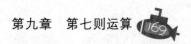

解析

我们来讲讲这道题该怎么解，先看个例子。假设这个数是3。那么题目就这么解：

$$3 = -log_2 log_2 \sqrt{\sqrt{\sqrt{2}}}。$$

要证明这个等式的正确性很简单。的确，

$$\sqrt{\sqrt{\sqrt{2}}} = \left[\left(2^{\frac{1}{2}} \right)^{\frac{1}{2}} \right]^{\frac{1}{2}} = 2^{\frac{1}{2^3}} = 2^{2^{-3}}$$

$$log_2 2^{2^{-3}} = 2^{-3}, \quad -log_2 2^{-3} = 3。$$

如果这个数是5，我们也可以用同样的方法来表示：

$$5 = -log_2 log_2 \sqrt{\sqrt{\sqrt{\sqrt{\sqrt{2}}}}}。$$

可以看出，当我们使用平方根号时，根的指数一般不写出来，这里我们利用的正是这一点。

如果这个数是N，这道题的解的通式是

$$N = -log_2 log_2 \underbrace{\sqrt{\sqrt{\sqrt{\cdots \sqrt{2}}}}}_{N个根号}。$$

而且根号的数量恰好等于已知的这个数。